PEACE PILGRIM
越走越平和

[美]和平使者 著

华夏出版社
HUAXIA PUBLISHING HOUSE

献给天下的探寻者

  如果有足够多的人找到了内心的安宁,我们的社会就能变得更加和平,不会再有战争。

  我是和平使者,一个四处漂泊的人。我会一直漂泊下去,直到人类找到和平的道路。除非有人为我提供宿处,否则我会一直行走;除非有人为我提供食物,否则我会始终禁食。

推荐序一 对人生的几点思考

内心安宁，我想，这是每一个生命都希望拥有的，特别是在今天这样一个信息海量、飞速发展的时代。此时，你是否已经拥有内心安宁呢？如果你正在追寻它，你将如何得到它呢？

和平使者在书中给了我们简单、清晰而又有根基、有力量的答案。那句简单而寓意深远的讯息——"我会一直漂泊下去，直到人类找到和平的道路"悄然影响着我的每一分、每一秒。

关于贡献

我不禁反复地问自己：对于我而言，完全出于自愿，我将毫无保留地贡献给人类的是什么？每天、每周、每月、每年我又将如何聚焦在这件事情上。尽管自己没有如和平使者那样，清晰地知道和平行走是她服务和奉献的方式，但这个问题一直在我心里。每一次与人的对话中都多一丝连接，做每一件事情时都多一分投入，就仿佛和平使者扎根于行走一样，我可以更加扎根于当前所选择的事情。而当我们清晰地知道，自己的那一件事——将毫无保留地贡献给人类的是什么，并为之行动时，将会如和平使者一样，成为真正快乐的人。为了使这一件事变得清晰起来，我们值得停下匆忙的脚步，花时间探索。

越走越平和

关于耐心

在书中,和平使者在某晚去森林散步时感受到"完全出于自愿,想要毫无保留地把我的生活奉献给上天,为人们做出贡献",之后经历了 15 年的准备期,而后是 28 年的和平行走,直到生命转换成另外一种形式存在。这不禁让我想起塞尔斯的圣弗兰西斯(St. Frances de Sales)的话:我们需要的是一杯理解、一桶爱和一整个海洋的耐心!作为寻道之人,当我们将目标放在一个结果上时,是否自然而然地进入迫不及待的状态,对自己、对世界都失去了耐心?智慧在某一个方面的呈现,就是永恒的耐心,让我们记得,15 年的准备期、28 年的行走,让我们在寻道路上,给自己和世界一整个海洋的耐心。

关于忘我

书中不止一次提到当有人问起和平使者的本名时,她只是简单地请大家以和平使者相称,当被问到年龄、生日、星座,她的回答是不打算说出来。她不想被生日卡淹没,她相信自己不会被一颗星星左右,而神圣本性始终自由。相对于自己的名字、经历、财务等等,更重要的是她灵魂诞生的日子,即和平之旅开始的日子——1953 年 1 月 1 日。"我感觉自己不再是埋在地下的一颗种子,而像是一朵鲜花,自然而然地向着太阳绽放。从那天起,我成为一位步行者,把自己完全托付给人们的善心。"

推荐序一　对人生的几点思考

当有人问和平使者收不收"信徒"时，她的回答是"当然不收"。她说，追随另一个人不利于身心发展，每个人都应该自己成熟，相信自己内心的声音，这才是自己的引导，自己的老师，要紧紧抓住真理，而非她的衣角。

我们时常看到关于"无我"、"忘我"境界的讨论，在和平使者的这些谈话和做法中，让我真切地体验到，她活在一个无我的境地，简单、纯粹！和平使者在她的和平行走中，展示给世人找到"自我"的方式，就是在无私的服务中忘记自我。

关于成熟

我们的世界可能还没有达到完全和平的状态，小到与家人的争吵，大到恐怖事件、国家间的矛盾，仍然纷争不断。当我面对与自己意见相左、行为对抗的人时，往往不能保持和善，而对于处在对立面的人，往往心存评判。书中和平使者谈关于恐怖主义的想法，令我豁然开朗。她说，恐怖主义分子是极端不成熟的人，往往被灌输了错误的观念，有组织的犯罪是一个社会不成熟的表现，他们认为邪恶可以通过更强大的邪恶来战胜。需要为他们安排治疗计划，帮助他们得到心灵康复。第一次，我看到一个人用"不成熟"来描述恐怖主义分子，同时，用治疗和心灵康复的方式来对待他们，不难瞥见其中的平等心与信任。和我一样，他们正在经历一个不够成熟的阶段，而成熟是每一个灵魂都有机会完成的。一时间，我的内在空间被扩

越走越平和

展开来。

这是一本值得每一个人亲近的小册子，希望有尽可能多的朋友有缘拿起它，让那些根本的问题与自己碰撞，直到来自内心的声音浮现。我想，那时，我们的生命能量将真正蓬勃而出，以坚定、清晰、喜悦的状态展现生命本来的样子。

让我们一起成就内心的安宁、世界的和平！

杨永华
4D 领导力学院联合创始人

推荐序二　让我们的生活与宇宙法则一致

年前受好友的委托，请我从一个心理工作者的角度，为本书做一些介绍和推荐。书中的主人翁是一位生活于上个世纪的美国女士，给自己取名为和平使者。她从1953年开始，到1981年去世先后七次徒步穿越美国各个州，行程达数万公里，为呼吁停止战争，保护世界和平。她的事迹感动了许多美国人。

起初我还以为这本书是关于世界和平的社科类主题内容，但最开始的一段文字吸引了我：献给天下的探寻者。直觉告诉我，这本书不单纯是对外部社会现象的思考和探索，而是一个生命内在信息的表达。

《越走越平和》是一本为21世纪的新人类准备的书，因为今天的人们在经过物质文明复兴和科技文明复兴之后，已不再是为无法生存而受苦，而是因心灵无法得到宁静而受苦。发达的科技手段呈几何倍数放大了人们的欲望，永无止境地向外寻求和索取带来了日趋激烈的资源掠夺和竞争。人类的精神文明还停留在茹毛饮血的丛林时代。有良知的人们都在以各种途径探寻着医治人心痛苦的良药。

本书以和平使者自述的方式呈现了人们内心渴望的和谐安宁的真实人生。她的语言简洁直接，就像自然流淌的泉水，传递着生命源头的纯净与甘甜，沁润着阅读者的心。我一口气读

越走越平和

完了这本书,吃饭喝水都不能放下它,仿佛被磁铁吸住一样。我想那是她的生命境界传递的一种轻盈喜悦的能量。和平使者以一种平凡的小人物的形象演绎出非凡的生命品质,用她的生命故事谱写了一首自由、光明与欢乐的歌。那是灵魂的欢唱。

我们的地球以及地球上的所有生命,都是上天运化的产物。和平使者七次徒步穿越美国,遇到常人难以想象的艰难与考验,从而领悟到,人是上天的孩子,当你至真至诚地感恩上天时,就能时时与真我相连,与上天的法则保持一致。当你与上天的法则保持和谐时,好运才会来临。

也许你和我一样,对生命感知与成长有需求,那就好好读一读这本书,或许可以启动内在的觉性,使之成为打开心灵之锁的一把钥匙。

岁月可以让一些久远的遐想走入我们的阅历,在人类历史演化的潮流中,总有少数逆流而行的人。他们的言行会警醒人们麻木的心。人生不是用来浑浑噩噩消耗的,而是要发光发热照亮世界的。哪怕你是一个小人物,你一样可以拥有安宁、喜乐、尊贵。这就是和平使者等逆流而上的人们给我们留下的启发和唤醒——人生究竟该怎样活。

郭晓洁

中国心理学会会员

首批国家认证的萨提亚咨询师、培训师

推荐序三　寻找并践行自己的使命

如果你问一个人："请问你来到这个世上有什么使命么？"你可能得到一个沉思，也可能听到这样的回答："我一个普通人有什么使命？"还可能得到这样的回答："嗯，我已经找到了我的使命！"甚至你还可能得到一个白眼、一句嘲讽……

但是，无论被你问这个问题的人作何回答，这本《越走越平和》都值得推荐给那个让你问出这个问题的人。

"为和平行走25000英里（约40000公里）"是和平使者开始行走的时候为自己定下的目标。我并不清楚她是否知道这个目标其实就是赤道的周长。她真的用自己的方式在为这个世界行走。

和平使者的使命是帮助人们找到内心的安宁，从而推动全面的和平。而我自己的使命是培养真正的培训师，影响他人发生积极改变。同样找到使命的我，读到这本书的每一个字都能理解和平使者内心真正的安宁。

在课堂上，我会经常说起这句话："那些怕死的人，是知道自己没有真正活过的人。"我相信那场带走和平使者的车祸，并不会让她有任何的恐惧和遗憾。就像书中她的朋友说的：至死不曾稍停自己的使命，这正是她所希望的。那是一种怎样的安宁和喜悦，只有找到和践行自己使命的人才会懂。

越走越平和

　　净化、放下、行走……朋友们，无论你为自己选择了一条什么样的修行和践行使命之路，我相信，只要开始走，你就会走向内心的安宁。

石岩

讲吾堂创始人

推荐序四　请将我塑造成和平之子

犹太人哲学家约书亚·罗斯·李普曼年轻时曾经起草过一份"人生幸福目录"：健康、爱情、美丽、才智、权力、财富和名誉。当他自豪地将它交给一位睿智的长者时，这位长者提醒他："我的朋友，你好像忽略了一个最重要的因素，如果缺少了它，每项财产都会变成可怕的折磨。"

"我遗漏的这个要素是什么？"约书亚问。

老人说："宁静的心境（Peace of mind）。"

你是否渴望"内心的平安"？是否渴望体验、甚至每时每刻都生活在犹太老人所说的"宁静的心境"中？……如果你有这样的渴望，真的太棒了，这样的渴望，不是来自你的低等自我（the lower self），而是来自你的高等自我（the higher self），来自你的神圣本性，这是你的高等自我、神圣本性听到了上天的呼唤。这样的渴望，如同一粒灵魂的种子，一旦这粒种子在你的生命中扎根发芽、结出丰盛的果实，那你的生命就会完全不同了。正如这本书的作者和平使者所分享的："当你找到内心的平静，你便成为能和别人和平共处的人。"

在我们的语境下，我们谈到身体、头脑、情感，这些都是我们比较熟悉的词汇和领域……我们的教育也都围绕这些展开。

越走越平和

在我们的语境下，当看到上天、神圣、灵性等词汇，我们可能会感到很陌生，对于陌生的词汇，让我们延迟、放下自我的论断，因为这些论断是基于我们的过去做出的，使我们无法迈向未知……我们怀着好奇和探索之心，在阅读中向和平使者学习，练习她做过的练习，甚至在祷告中，把自己的困惑向上天说出来，预留心灵的空间，让上天给予启示。

《诗经·大雅》启示我们："敬天之怒，无敢戏豫；敬天之渝，无敢驱驰。昊天之明，及尔出王；昊天曰旦，及尔游衍"，用现代的语言表达，就是"敬畏上天的震怒，不要淫逸享乐；敬畏上天的神明，不要肆意妄为。上天有眼，明察你的出入；上天有心，知道你的罪愆"。当我们认真学习我们祖先给予的启示，会发现我们祖先的内心深处，有一种敬畏，是我们现代中国人所欠缺的。或许我们的祖先看到上天、神圣、灵性等词汇，不会像我们这样陌生。我们五千年的文化，在文字上是连续的，但是在精神深处，有些至关重要的精神实质，已经断裂，真需要我们来重新链接。

《越走越平和》一书，和平使者所谈论的，属于"默会的知识"（Tacit Knowledge）。这类知识，你仅看文字，好像看懂了，好像又没懂；这类知识只可意会不可言传。这需要亲口尝一尝，才知道滋味如何。例如，人际关系的黄金法则"己所不欲勿施于人""你期待别人怎样对待你，你就怎样对待别人"，和平使者不是停留在文字上，而是"亲口品尝"，在她

推荐序四 请将我塑造成和平之子

整个和平使者的旅程中,不断使用这个法则,从这个法则里面,她看到了每个人内心深处的神圣本性,她的平和与爱,激发了人们(哪怕是酒鬼、心理疾病患者、罪犯)埋没很久的神圣本性。

内在的安宁,所释放出来的巨大而持久的能量,超乎想象。2015年我在茫茫戈壁,体验到内在安宁的能量……带着这份安宁回家,就会把平安带回家;带着这份安宁与人打交道,就会把平和带进关系中;带着这份安宁面对金钱,金钱也不会成为我们的主人……很奇妙,丰富的安宁,让我们充满谦卑、内心温柔,敬畏上天的法则,也爱人如己。如果我们的家庭和社会,有更多活出高等自我的人、活出神圣本性的人,这一群人会激发更多的人活出自己的神圣本性,就如同心灵的核裂变。

找到内心的安宁,需要经历对自己的绝望,这是一个与心灵的病毒征战的过程。我们征战的力量,不是来自我们自己,而来自于我们与上天的关系。

在有益的冥想部分,和平使者说:

Peace...be still...and know...that I am God.

平静……安静……领悟……我即是上天。

我们作为被造物,我们和创造者有着本质的不同,我们不说"我即是上天",我们说"我们是上天的孩子",这一点,我虽无法与和平使者面对面交流,但是我相信在心灵深处,我们

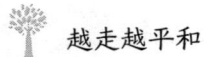

的神圣本性是被认同的。

祈求上天把我们塑造成和平之子！

郑志文

北京启承转合管理顾问有限公司 董事长

推荐语

和平使者用自己的行动践行生命净化之路，她在净化自我生命的同时也在净化着他人的生命。她践行的是身体的净化、思想的净化、需求的净化、动机的净化，最后达成的是人类意识的净化与升华。读这本书，感觉到自己的生命也得到了净化，很宁静，很感动。

何巧

ICF 认证大师级教练

旭势教练团队创始人

推荐语

很多人都愿意相信些什么,但只有很少的人会用脚下的每一步来践行自己所信之事。

和平使者,一个现代的布道者,用不寻常的一生,提醒我们发现原本寻常的真理。

愿这本书成为镜子,让更多的你我照见内心想要的安宁。

郝军龙

管理咨询顾问

只有走过的人,才能体会行走的力量。古往今来,有无数位行者,包括孔子、孙悟空与这位和平使者。生命的觉醒,从肯定生命开始,然后坚定地走向无尽的远方,一日一日,累生累世,脚踏实地,周而复始,此之谓"信、愿、行"。所谓"志于道",就是走进他们的行列,成为他们的同路人。

黄明雨

立品图书、辛庄师范创办人

越走越平和

我们出发的时候,不需要知道终点,只要有方向。

从佛教我们认识到了人有贪嗔痴恨爱恶欲七宗罪,但在艰苦的修行前望而却步。 和平使者告诉我们如何用强大的爱心来修行,每一步都可以繁花盛开。

里面有很多感人的小故事,每一个故事都给我注入心力。爱可以改变精神错乱的施暴者,甚至可以制止纳粹的残忍杀戮。

感恩生活在这个和平的时代,相信和平使者在她的空间依旧在为此努力。也希望每一位读者都能成为和平使者,用爱来种和平之果。

张宁

POA 思维首创者

随着书页被合上,我真切地感受着心正慢慢走向一片更加安宁的地方。正如和平使者所说,更高智慧的自我受到启发。"每个人身上都存在善的闪光,无论埋藏得有多深。那才是真正的你。"愿每个人都能找到自己心中的善,并依此行事,愿每个人都能如和平使者所愿,走向内心安宁,创造全人类的和平。

娅锦

非暴力沟通中心认证培训师候选人

推荐语

在我看来,这本书在回答这样一个问题:如何才能找到人生的意义并去做自己该做的事情。不同于正经的哲学心理学著作,或者油腻的鸡汤文,作者身体力行的故事和感悟读起来意外地令人愉悦,引人入胜。娓娓道来的文字质朴明快,却有着打动人心的力量。渴望成功以及正在为成功打拼和焦虑的人们,有必要阅读这本书,并思考:财富自由和心灵自由,哪一个才是我们真正的自由之路?

王刚

奇幻科技董事长,中国人民大学MBA企业导师

公益讲坛《听道》发起人

"行善止恶、去伪存真,留爱忘恨",这是多么令人向往的人生态度。从决定成为和平使者那一天起,她就努力活出这种境界,无论遇到什么遭遇!她跌宕起伏的经历让我惊讶的同时,也印证了在遭受暴力对待时人们依然可以选择以爱待人。对于一直尝试践行非暴力沟通的我而言,这是巨大的鼓舞!本书文字简洁隽永,故事生动鲜活,充满智慧和指引。如果你和我一样相信爱的力量,真实的力量,善的力量,就一定不要错过这本书!

李夏

非暴力沟通培训师

越走越平和

在疫情期间阅读和平使者的文字和故事，为我注入了强大的精神力量，她方方面面的思考、实践和行动无异于一本彻底活出和平与非暴力的行动指南，激发和唤醒着我要如何在艰难时刻以和平的信仰和选择来穿越危机，并且活出生命的意义。

对于一名非暴力沟通教育者来说，《越走越平和》可谓直接向人们展示了非暴力的精神内核。对于想要真正迈向可持续未来的今日世界来说，学习和追随和平使者的信仰和选择，将会为我们带来希望。

刘轶

国际非暴力沟通中心认证培训师

非暴力沟通中文网创始人

读完本书仿佛灵魂得到洗涤，让我多了许多向着自己使命前进的勇气。和平使者所呈现的朴素的成长旅程，不拘泥于任何宗教或方法，让我触碰到生命的真实。和平使者会成为我成长中重要的参照样本。

李迪

非暴力沟通中心认证培训师候选人

目 录
content

和平使者生平简史…004

和平使者心灵成长图…006

■ 楔子…001

■ 第1章 成长…009

■ 第2章 心灵成长：走向内心安宁…017

准备工作 / 021

净化 / 026

放下 / 033

实现内心安宁 / 037

■ 第3章 和平之旅…043

■ 第4章 和平之旅的回忆…067

▌第 5 章　简单的生活…079

▌第 6 章　解决人生的难题…091
　　应对担忧的习惯 / 098
　　应对愤怒的习惯 / 099
　　应对恐惧的习惯 / 101
　　处于上天的庇护之下 / 104

▌第 7 章　灵性人生…109
　　祈祷的方式 / 112
　　断食 / 117
　　治愈 / 118
　　意念的力量 / 120
　　死亡，只是一种转换 / 122
　　宗教 / 126
　　爱的道路 / 128

▌沉思的絮语…132

▌第 8 章　和平的道路…135
　　关于非暴力原则的几个故事 / 148

■ 第9章 和平主义的进一步扩展…157

■ 第10章 儿童与和平的道路…165

■ 第11章 改变我们的社会…169
　　　　　在民主制度与社会方面 / 171
　　　　　社区和平行动 / 174

■ 第12章 和平使者的道路…177

■ 书信往来中的问答…189

■ 对和平使者的最后一次采访…227

■ 给和平使者的信…232

■ 与和平使者相处的经历…237

和平使者生平简史

1981 年：7 月 7 日，在第七次穿越美国的和平之旅途中，在印第安纳州诺克斯市附近离世，进入"更自由的生命"。

1979 年：6 月，开始阿拉斯加州教育与启发的旅程。

1976 年：第一次前往美国阿拉斯加州和夏威夷州。

1969 年：开始第五次徒步和平之旅。

1964 年：抵达美国首都华盛顿，达成了为和平徒步行走 25000 英里的目标，从此不再计算里程数，但仍然继续步行穿越美国的和平之旅。

1955 年：从美国加利福尼亚州旧金山市出发，开始第二次和平之旅。在美国每个州至少步行了 100 英里，抵达了每个州的首府，还进入了加拿大和墨西哥境内行走。

1953 年：12 月 17 日，抵达美国纽约市的联合国大厦，完成第一次和平之旅。

1938 年：开始准备工作。
"生活的目的在于付出，而非索取。"

1980 年：8 月，开始夏威夷州教育与启发的旅程。

1978 年：开始第七次徒步和平之旅。

1973 年：开始第六次徒步和平之旅。

1966 年：开始第四次徒步和平之旅。

1957 年：在加拿大徒步行走了 1000 英里，在加拿大每个省至少步行了 100 英里。

1954 年：断食 45 天。

1953 年：1 月 1 日，选择"和平使者"作为自己的名字。从美国加利福尼亚州帕萨迪纳市出发，开始第一次步行穿越美国的和平之旅。

190? 年：诞生于美国东部。

和平使者心灵成长图

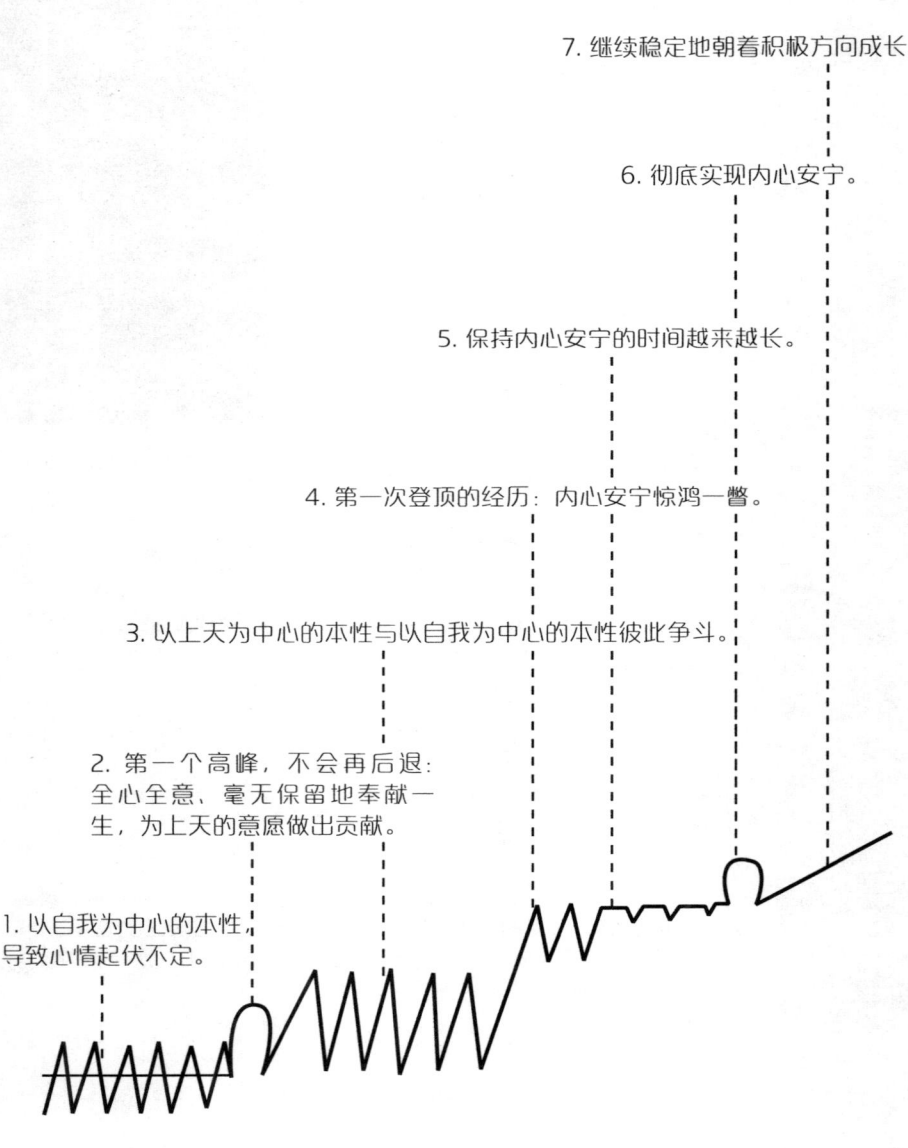

楔子

和平使者欣然走遍美国，对人们产生了深远的影响，难以尽书。在她 28 年追求和平的旅途中，她唤醒、启发了成千上万的人。与她接触过的人，都留下了独特的记忆：或与她交谈、欢笑、同行；或在晚餐桌上倾听她的旅途故事，开车带她前往演讲会场；或在她匆匆离去，前往下一个目的地时，挥手向她道别。

从 1953 年到 1981 年，这位满头银发的女士，欣然遵从内心的感召，为世界无私奉献。她走过一个个村镇与城市，为她见到的每一个人带去和平的讯息，即简单的一句话：如果有足够多的人找到**内心的安宁**，我们的社会就能变得更加和平，不会再有战争。

她于 1981 年去世之后，很多朋友从美国各地来到新墨西哥州圣达菲，一起纪念她，分享对她的回忆。之后，一部分人留了下来，希望能为她出书。这个想法在每个人心里都盘桓已久。本书中，我们尽量用她自己的话语，以最纯粹的方式呈现出和平使者非凡的一生与出色的教诲。书中内容来自她的小册子《走向内心安宁》、共 19 期《和平使者进展》简讯、私人谈话，以及多方收集摘录的她多年来的书信和演讲录音。另一些宝贵的素材来自斯沃斯莫尔学院和平图书馆，那里收藏着关于和平使者的数千种报刊文章及其他印刷品。

尽管书中内容都是她自己的话语,但本书并不是她所写的自传。部分素材由录音转换为文字,某些段落会显得比较口语化。我们也希望她能留下亲自撰写的著作。以前经常有人问她是否会把自己的故事写下来,而她不止一次回答说:"我其实已经写下了足够出一本书的材料,虽然不是以书籍的形式。"

把这些材料转换成书籍的形式,就成为了我们的工作。

尽管她传达的基本讯息从未改变,但每次谈话都有着丰富多彩的细节和过程。你也许会发现,她的一些格言警句在不同的语境中反复出现。

和平使者的一生,以及她的话语,传达出简单而寓意深远的讯息,这正是人类在追寻和平的过程中迫切需要的。她让我们对这个世界的未来再次抱有希望,希望能有足够多的人实现内心安宁,让世界和平成为可能。她为我们树立起榜样,一个真正活在内心安宁之中的人,她的精力无穷无尽,随着岁月的流逝愈发充沛而不会减弱。

罗伯特·斯蒂尔在他的印度游记《甘地玛格》中写道:"和平使者说话时具有惊人的权威感与自信,令人想到圣经时代上帝的代言人。但从她的发言听来,她并不像宗教狂热分子或教条主义者,而是个真诚热忱、专心致志的人,令人联想到难以形容的大智慧境界……"

楔子

"和平使者"这个名字响彻美国,她希望这个名字强调的是"讯息的内容,而非讯息的传达者"。她从来不会细说自己的生活,比如她的本名、年龄、出生地,因为她认为这些并不重要。既然本书要用她自己的话语描述她的旅途,我们决定也不纳入这些细节,如有需要随处可以查到。

"我希望大家想到我的时候,始终会联想到和平。"她说。对于我们这些与她相知相识多年的朋友来说,她永远都是那位安详热心的和平使者,充满幽默感,活力十足,总能找到生活的乐趣。

20 世纪初,她诞生在美国东部一个小农场里,和很多出身于平民阶层的人一样,长大后她开始追求钱财和物质。后来她认识到,这种以自我为中心的生活毫无意义,世间财物对她来说不是幸福而是负担。一天晚上,她整夜在林中漫步,感受到一个念头突然涌现:"完全出于自愿,想要毫无保留地把我的生活奉献给上天,为人们做出贡献"。

于是她自愿开始逐步简化生活。最初是一段长达 15 年的"准备期",虽然她并不知道自己要准备的是什么。她在和平团体中担任志愿者,帮助人们解决身体上、情绪上和心灵上的问题。

在这段"准备期"中,在很多次心灵的探索寻求中,她找到了内心的安宁,也找到了她的使命。

她的和平之旅始于 1953 年 1 月 1 日清晨,她立誓要"一直漂泊下去,直到人类找到和平的道路"。和平使者独自行走,身

越走越平和

无分文,不接受任何机构的资助。她在行走中不断祈祷,也寻找机会启发他人祈祷,同心协力追求和平。她穿着深蓝色衬衫及长裤,外面的背心下摆有一圈口袋,里面装着她仅有的财物:一把梳子、一只折叠牙刷、一支圆珠笔、宣传小册子,以及手头的信件。

1964 年走完 25000 英里(约 40000 公里)之后,她每天仍会继续行走,但不再计算里程,而是优先考虑演讲。演讲日程安排得越来越紧,她不得不开始搭便车。

自麦卡锡时代、朝鲜战争、越南战争以来,和平使者与成千上万的人们交谈。她在繁华的都市街头,在尘土飞扬的小道上,在贫民区、荒郊外、沙漠中、货车休息站里,与人们会面。美国所有的全国性广播、电视网络以及数百家地区性媒体,都曾访问过她。无数大小市镇的报刊媒体,都曾撰文报道过她。她也会主动联系记者,向人们传达她的和平讯息。她在大学心理系、政治系、哲学系、社会系的班级上演讲,也在高中集会、市民俱乐部、各种教会的聚会中演讲。

随着时光的流逝,她那富有感染力的热情、机敏而单纯的智慧,使她声名鹊起。听众的回应越来越多,有温暖自然的欢笑,也有深入思考的提问。

这些年来,当我们很多人越来越害怕走上街头时,她走过都市中的"危险地区",在找不到容身之处的夜晚,睡在路边、海滩上和公共汽车站里。年复一年,陌生人变成了朋友,邀请

楔子

她进入自己家里，而请她演讲往往需要提前一年以上预约。

和平使者相信，我们正处于人类史上的危急时刻，"走在毁灭一切的核战与灿烂的和平时代之间的边缘"。她感到自己的使命是唤醒冷漠的人们，促使他们认真思考，为和平做出积极的努力。她总是鼓励人们追寻自己内心安宁的真正来源，并以和平的方式与他人相处。

和平使者过世时，她正在进行第七次全国旅行。她走遍了美国的50个州，还访问了加拿大10个省，以及墨西哥的一部分。1976年，一位男士带她飞往阿拉斯加和夏威夷，与他的孩子会面。她同时也在当地行走，在教会演讲，与媒体谈话。1979年和1980年，她再次回到那里，与一些小团体交流，他们希望进一步了解她的生活方式。她计划于1984年再一次回访阿拉斯加和夏威夷，也考虑未来几年中邀请更多的人和她一起参与各州的"启发之旅"。

1981年7月7日，在美国印第安纳州诺克斯市附近，她遇到了自己称之为"前往更自由生命的光辉转换"。她在搭车赴演讲途中遭遇迎面相撞的车祸，当场去世。她在全国各地的很多朋友都对这一噩耗感到震惊。无论如何，我们从未想到和平使者会这么早就受到召唤离开尘世。然而，一位朋友写道："我确实觉得，这样瞬间的转换过程，意味着她至死不曾稍停自己的使命，这正是她所希望的。"

越走越平和

她在最后一次接受报刊采访时,刚谈过自己健康状况极佳。她正在计划最近这次旅途之后的行程,演讲已经一直安排到1984年。诺克斯市WKVI广播电台的泰德·海斯,于7月6日采访她时说:"你看起来真是一位最快乐的女士。"她回答说:"我确实非常快乐。理解了上天的旨意,谁能不喜悦呢?"

她的信件一直由新泽西州科隆市一家小邮局转寄,这里陆续收到朋友们听说她过世的消息后寄来的信件,每一封都非常感人:"我亲爱的和平使者,我刚刚听说你已抛弃躯壳离开尘世……如果这不是真的,请给我回信。"另一封写道:"我知道你去见上帝了……我在宇宙中看到了你……"

一位编辑曾在20世纪60年代访问过她,后来成为她的好友,他写道:"悼词在我心中一遍又一遍循环往复,告诉她,我多么感激她的教导,感谢她为我的生活带来的冲击与影响,愿她此去一路平安……"

马萨诸塞州一位朋友写道:"这太令人震惊了,这也是我们渺小地球上一次极大的损失! 此时此刻我心怀激荡,因为我与其他成千上万的人一样,对和平使者充满了爱。但同时我也觉得,她美好的教导、树立榜样的一生,将使她永远和我们同在。"

很多人写信来,希望能整理出一本关于她的著作,更好地传播她关于和平与爱的特别讯息。也有几位说,他们希望撰写文章或进一步研究她的事迹。我们希望这本书对于如今和日后的作者们来说,能够成为有价值的材料,也希望不曾有幸与和平使者相遇的人们，能够从中获得启示和鼓励。

一位领会了和平使者精神的人士写道："和平的种子已经播下。所有受过她感召的人，有责任继续耕耘。"

我们希望她的话语、她的精神，能够继续为人们带来启发。我们和你，和所有了解她、受她感召过的人，彼此间以爱相连……

不沾尘埃，如空气般自由，
如今你可以前往每一个地方。

——和平使者的五位朋友
1982 年 3 月 31 日于美国新墨西哥州圣达菲

第1章
成长

如果你希望缔造和平,首先需要内心安宁

第1章 成长

我觉得我拥有很棒的童年,虽然许多人可能并不这样认为。我出生在小镇郊外一个穷苦的小农场里,我对此十分知足。我度过了快乐的童年,可以在树林里玩耍,可以在小溪里游泳。我希望每个孩子都能像我一样,拥有足够的成长空间,因为孩子们就像幼小的植物,如果种植得太密,就会变得病弱,无法充分成长。

我们在开始为此生的使命做准备时,往往还不知道究竟是要准备什么。我小时候也是一样,只是不知不觉中,已经在很多方面做了准备。当我定下了"要事为先"的信条,安排出生活中的轻重缓急时,我已经开始为和平的使命做准备了。这一信条使我的生活秩序井然,教我学会自律,我信奉终身。这是非常宝贵的经验,如果没有这一信条,我不可能走上和平使命的旅程。

小时候,我并没有接受过正规的宗教教育(真是万幸,省得我之后要清除太多先入为主的观念!)。直到12岁,我才第一次见到教堂里面的样子,那天我看到一家天主教教堂大门敞开,工友正在里面打扫。16岁时,为了参加一场婚礼,我才第一次走进教堂。

高三时,我开始追寻"上天",但我的努力只停留在外部世界。我不断追问:"神是什么?上天是什么?"我追根究底,向很多人提出很多问题,但一直未能找到答案!不过我并没有放弃。既然无法在外界找到上天,那就试试另一种方法。有一天,我带狗出去散步，走了很长一段路，边走边沉思。然后我上床睡觉。第二天早晨，内心深处一个声音悄悄告诉了我答案。

高中时代的答案十分简单——人类只是把宇宙中所有超越人类力量与想象的东西归并到一起，统称为"上天"。这样的答案只会促使我进一步探索。我首先去观察一棵树，心想，**这就是一个证明**。因为汇集世上所有人之力，也不可能创造出一棵树，即使造出很像树的东西，也无法像真的树一样生长。可见冥冥之中有一种超越人类的创造力存在。然后，我在夜晚望向最爱的星空，心想，**这是另一个证明**。宇宙中存在着一种持续性的力量，确保星球在各自的轨道上运行。

我观察着宇宙中发生的各种各样的变化。那时候，人们正在想办法保护一个灯塔不要被海浪冲走。最后灯塔被挪到内陆，总算保住了。但我观察着这些变化，心想，**这也是一个证明**。有一种力量推动着宇宙的事物不断发生持续的变化。

内心的印证使我知道，毫无疑问，我已触及最高的智慧。

我有很多次在智慧的层面领悟到，"上天"就是真理；在情感的层面体会到，"上天"就是爱。神是善，是慈悲。上天是一种创造力、一种推动力、一种无上的智慧、一种永恒且无所不在的精神，它把宇宙中所有的事物联结到一起，为一切赋予生命。这种想法拉近了上天与人的距离。没有上天存在的地方，也不可能有我的存在。**你与上天同在，上天与你同在**。

第1章 成长

高中二三年级的时候,我在一家小杂货店打工。我很喜欢这份工作,尤其喜欢把柜台收拾得整洁漂亮。看我喜欢做这些事,老板甚至让我来布置橱窗。要知道,我的薪水可比橱窗陈列师低多了!

我那个柜台有两台收款机,有一天,其中一台里面没有零钱了,我不假思索地走向另一台,按下"无交易"键,取出一些零钱。随即我发现自己犯下了大错。我听到别人窃窃私语:"她按了'无交易'键!"一位男性巡店员走过来对我说:"你过来。"他把我带到角落里一个凌乱的柜台旁边,把我一个人独自丢在那里,过了一会儿他回来问我:"你为什么那样做?"我说:"我还是不知道自己做错了什么。我只是把零钱从收款机里取出来,不是偷钱。"他说:"应该有人教过你,不能按'无交易'键。"我回答说:"根本没人教过我!"

于是他走向那位应该指导我的女巡店员,我重新回到自己的岗位。但因为这次的事情,那个女巡店员很讨厌我。我觉得需要做些什么补救一下。我路过她的桌子,注意到摆放在桌子上的花已经凋谢了。第二天早晨,我从自家院子里摘了一束漂亮的鲜花带给她。我对她说:"昨天我看到你桌上的花已经凋谢了,我知道你很喜欢鲜花,所以从我家花园里摘了些送给你。"她当然无法拒绝。到了周末,我们已经手挽手一块儿下班了。

我曾读到过一句古老的格言:"希望别人怎样对待你,就怎样对待别人。"这句格言几乎在世界上每种文化里都找得到，只是措辞不同。我确信，那时候我已经在为和平的使命做准备了。我内心对这句话坚信不疑，它影响了我的一生。事实上，这句格言有各种各样的衍生变化，甚至可以应用于我的和平使命中。我上高中时有个小信条："如果你想交上朋友，必须首先表现出友好。"分析起来也是那条格言的衍生。普遍公认的一点是，人们会根据自己面对的外界环境做出反应。如今我的信条是："如果你希望缔造和平，首先需要内心安宁。"

我刚毕业时，就遇到了实践这条格言的机会。我找到了一份工作，不巧的是一位朋友也在争取；同时我被选中担任本地俱乐部的一个职位，偏偏也是她想要的。当时她恨死我了，总是说我的坏话。我想这种情况对大家都不好，于是我践行那条格言——想出她所有的优点，真心诚意地说她的好话。我尽量帮助她，甚至费尽力气帮了她一个大忙。总之，一年后她结婚时，由我担任伴娘。你看，一点点心灵上的付出，就能有如此长远的影响。

我知道，当我做出某些选择的时候，也是为和平的使命做准备。例如，初中时有不少朋友抽烟，她们给我递烟时我拒绝了。高中时朋友们邀我一起喝酒，我也拒绝了。刚刚毕业时我同样面临着这种考验，那时候我所有的朋友都会抽烟喝酒，在那个年龄，如果不和大家保持一致，会感受到一种压力——现在人们称之为"同伴压力"，别人会因为我不肯做这

第 1 章 成长

些事情而瞧不起我。有一次，在某个朋友的客厅里，我对他们说："你们看，人生就是一系列的选择，没有人能够阻挠你们做出自己的选择，但我也有权做出我的选择。我选择的是自由。"

随着岁月的流逝，我有了两个重大发现。首先，我发现赚钱不难。由于一直被灌输的观念是，钱财能够保证我生活快乐、内心安宁，赚钱就顺理成章地成为我追求的目标。其次，我发现努力赚钱再糊里糊涂花掉，毫无意义。我意识到，这并非我的目标，但那时候我还不是很清楚，活在世上究竟是为了什么。

认识到金钱与物质并不能为我带来快乐，才真正是和平使命的缘起。也许你会奇怪，当初我为什么会纠缠于俗世财物之中，其实我们大家都曾被灌输过一些互相矛盾的价值观，困于其中，迷惑不已。

幸运的是，对立的两方面中，只有一方使我困扰，而大部分人对于两方面都感到迷惘。

一方面，人们教导我要仁慈善良，不要伤害任何人，这样当然很好；可另一方面又教导我，在战争中服从命令杀人、伤人是值得自豪的事情，这样做甚至还能获得勋章。我不会为此而感到困扰。我从来不曾相信，在任何时间任何环境下，我们有权伤害别人。

还有其他互相矛盾的观点，比如，我一直接受的教导是要慷慨无私,而同时又被耳提面命:如果想要有成就,必须主动出击,争取不属于自己分内的东西。童年环境中学到的这些相互矛盾的价值观,颇令我困扰了一段时间。但最终,我完全摒弃了这些错误的观念。

第 2 章
心灵成长：走向内心安宁

在这个物质至上的时代，我们会用金钱和物质这类错误的标准衡量成功。但朝着这个方向，不可能找得到内心的快乐和安宁。知而不行的人，必定非常不快乐。

第2章 心灵成长：走向内心安宁

展望当今世界，仍有许多地方非常贫穷，我的兄弟姐妹们正在挨饿，而我拥有的却如此之多，我对此越来越感到不安。最终，我觉得必须另觅出路。我感到绝望，迫切地希望找到有意义的人生道路，转折点恰在此时出现。一天晚上，我整夜在树林中漫步，走到一片洒满月光的林间空地，虔心祈祷。

那时，我心中浮现出强烈的愿望，想要毫无保留地奉献出我的一生，致力于为他人做出贡献。我向上天祈祷："请让我起到自己的作用！"顿时全身心笼罩在一片安详宁静之中。

我想说，这是一个无法回头的转折点。此后，再也不可能回到之前那种纯粹以自我为中心的生活中。

从此，我进入了人生第二个阶段。生活的目的变成了付出，而非索取，这是一个美好的崭新境界。我的生活充满了意义，而且获得了最棒的祝福——良好的健康。我再也不曾出现病痛，不曾感冒，不曾头痛（要知道，很多病痛是心理因素引起的）。从那时起我知道，我一生的事业就是追寻和平——那将是一幅完整的和平画卷：国家之间的和平、团体之间的和平、人与人之间的和平，以及最最重要的——每个人内心的和平安宁。不过，愿意奉献自己生命的想法与实际采取行动，还有很大区别，就我而言，其间是15年的准备与内心探索。

踏上这条心灵探索的道路之后不久，我对心理学中的"自我（Ego）"与"良心（Conscience）"逐渐有了认识。我把它们称之为"低等自我"和"高等自我",或者说,以自我为中心的本性与以上天为中心的本性。这就好像我们拥有两个观点相反的自我或本性,拥有两种意志。

低等自我凡事仅仅从物质利益出发,高等自我会考虑心灵和精神上的幸福。低等自我把自己视为宇宙的中心,高等自我认为自己只是全体人类中的一分子。受到低等自我支配时,你会自私自利,注重物质;但只要遵循高等自我的指引,你就能看到事物的本质,找到内心的和谐,以及自我与他人之间的和谐。

我们的身体、思想、情感,属于以自我为中心的本性与以上天为中心的本性都能够使用的工具。只是以自我为中心的本性无法完全控制这些工具,会产生持续不断的矛盾和挣扎。只有以上天为中心的本性才能完全控制这些工具。以上天为中心的本性起主导作用时,我们才能找到内心的安宁。在此之前,可以通过约束起到一定的控制作用。可以是外在的约束,早年接受的教育会进入低等自我的潜意识,起到约束作用;也可以是自愿约束自己,即所谓的自律。现在,如果你正在做一些明知不应去做也并不真正想做的事情,那就是缺乏自律。我建议,根本之道是追求心灵的成长,同时保持克己自律。

在心灵成长的过程中,或多或少会经历内心的冲突与挣扎。我自己也是一样。以自我为中心的本性是个可怕的对手,它会拼命挣扎,保证自身存在,狡猾地自卫,千万不可轻视。它清

第 2 章 心灵成长：走向内心安宁

楚你的防御弱点在哪里，会乘虚攻击。这种时候务必保持虚心警醒，不要去理会其他声音，只需悉心倾听高等自我的引导。

我所说的"走向内心安宁的道路"，只是一个大概框架，具体步骤并没有强制规定。可以再扩展，也可以更简略。关于这条道路，有一点很重要：走向内心安宁并没有一定之规。有些人采取的第一个步骤，也许是另一些人的最后一步。因此，只需从你自己感到最轻松的方法开始，迈出最初几步之后，你会发现继续前行变得更加容易。我们可以就此好好分享心得。也许你们并没有像我一样受到上天的指引走上旅途，而我也不打算鼓励你们这样做。然而，我们可以彼此分享，怎样在自己的生活中寻求和谐。同时我也猜想，听到我介绍自己怎样实现内心安宁后，你们会发现，其实自己已经走过同样的道路。

准备工作

我想谈一下我自己需要进行的准备工作。首先，**对人生怀抱正确的态度**。也就是说，不要再逃避现实，不要再浮于表面，不要只生活在虚幻的泡沫中。这样的人有成千上万，他们永远不会找到任何真正值得做的事情。只有愿意认真面对生活、透过表象深入生活的人，才可能发现人生的现实和真谛。这就是我们现在正在做的事情。

越走越平和

关键在于，面对生活中的困难，要抱有积极的态度。如果你能够看清全局、了解始末，你就会意识到：生活中遇到的每一个问题都是有意义的，都会为你内心的成长做出贡献。如果能认清这一点，你就会明白，问题下面隐藏着机会。如果你不肯面对问题，就只能在生活中随波逐流。只有依靠最高的智慧来解决问题，我们才能真正获得内心的成长。如今，人类需要共同解决一些整体性的问题，比如全球裁军及世界和平，如果在这些问题上逃避自己的责任，就不可能实现内心的安宁。因此，让我们始终牢记，共同思考和讨论这些问题，一起努力寻求解决之道。

第二项准备工作是：**让我们的生活与宇宙的法则和谐一致**。造物主不仅创造了世界和万物，也创造了支配一切的法则。这些法则既适用于身体也适用于心理，可以控制人类的行为。如果我们能够理解宇宙的法则，使自己的生活与之协调统一，人生就会处于和谐之中；而如果不遵循这些法则，就会为自己的生活带来困难。我们最大的敌人就是自己。如果因为无知而破坏和谐，多少会经历痛苦；但如果明知故犯，就会深受其害。苦难遭遇促使我们努力遵循宇宙的法则。

我清楚，有一些道理大家早已耳熟能详，但缺乏理解，很少实践，可是，如果我们希望能找到内心的安宁与外界的和平，就必须把这些道理应用于生活中。比如说，"唯善能胜恶""唯

第 2 章　心灵成长：走向内心安宁

行善能得善果""行事毫无爱心，也会伤害自己的心灵"等等。

只有遵循这些放之四海而皆准的法则，才能让这个世界普遍实现和谐统一。

因此，我开始实施一项很有意思的计划：在生活中奉行我所相信的一切善举。我并没有奢望一下子全部实现，但如果我发现自己正在做明知不应该做的事情，我会当机立断地结束，因为这样更加容易，想要一点点改变反而费时费力。另一方面，如果明知该做的事情还没有去做，我就会立即行动。生活的信念需要花时间去找，但我们绝对能够找到。现在，我会在生活中把自己的信念付诸实施，否则信念也就失去了意义。当我遵循最高的智慧生活时，我发现自己体会到更多的智慧，敞开内心迎接更多的智慧之光。

第三项准备工作因人而异，因为我们每个人在生活中都有自己的位置，在上天的安排中，没有哪两个人扮演着同样的角色。只要愿意倾听，**每个人都能听到内心的指引。经由这种指引，每个人都能在万事万物中找到自己的位置。**

我们在内心中倾听上天的法则，虽然这些道理也可以从外界学到，但上天的指引，只能在内心中领会。

我们必须敞开心扉来领会上天的指引，这种指引不会让我们违反神圣的法则，如果真的有所违背，那绝不是来自上天的指引。我们的生活是否能与神圣的法则和谐一致，完全取决于我们自己，这一点对任何人来说都一样。只有与神圣的法则保持和谐，好运才会来临。

在我们降生时，自己命中注定的职责就已经相伴而来，只待我们去发现，去实践。如果你还不知道自己该做什么，我建议你可以试着在宁静的环境中敞开内心来寻找。我曾经在美丽的大自然中漫步，平静地敞开内心接纳一切，就在那时，美好的领悟不期而至。

在你的生活模式中，扮演好自己的角色，着手去做你想做的任何好事，即使一开始只是微不足道的小事。这些才是生活中重要的事情，远远优先于一般世人汲汲营营追逐名利的肤浅行为。

每天早晨我都会想到上天，思考今天我可以做些什么事情来帮助上天的儿女——世人。我环顾四周，关注可以为他人做些什么。我每天会尽可能地去做好事，当然也不要忘记，一句友好的话语、一个灿烂的微笑，同样很重要。对于我自己力有不逮的事情，我会祈祷，让祈祷带来行动。

我热情洋溢地帮助他人，但也有人说，如果我帮别人解决了太多问题，他们就无法在自己解决困难的过程中实现心灵的成长。于是我意识到，也要留下一些事情让别人来做，让他们也能接受上天的恩赐。

起初，我帮人们做些简单的事，比如跑腿办事，整理花园，为他们念书。我到老人和病人家里，帮他们缓解各种各样的病

第 2 章 心灵成长：走向内心安宁

痛。我帮助问题青少年、残疾人士、精神障碍者和智力障碍者。我做这些事情的动机纯正，多数时候都能获得积极正面的效果。我把自己的做法称为"心灵治疗"：帮助这些人找到自己希望去做的好事，然后帮助他们付诸实践。有些人会变得过度依赖我，那我就必须设法切断这种依赖。

我在这方面没有专长，只能用对他人的爱心来弥补短处。只要生活中充满爱，就不会再有任何障碍。这个病态的世界迫切需要的药物，就是爱。

至少有十年，我经常在美国公谊服务委员会、国际妇女和平自由联盟、和平联谊会担任志愿者。

有些人心里明白这些道理，但不愿去做，这非常可悲。在这个物质至上的时代，我们会用金钱和物质这类错误的标准衡量成功。但朝着这个方向，不可能找得到内心的快乐和安宁。知而不行的人，必定非常不快乐。

第四项准备工作，是**简化生活**。在你的生活中，让内在与外在的幸福、心灵与物质的幸福，达成和谐一致。对我来说，这很容易。在我决定奉献一生为他人服务之后，眼见世上还有人满足不了基本的生活需求，我就无法再接受超过生活必需品之外的东西。这促使我将自己的生活水平降低到**基本需求**的层次。我原本以为这会很难，会非常辛苦，但我完全错了，我体会到的是一种平静喜悦的美好。这使我更加坚信，不必要的财物只是多余的负担。

在这期间，我实现了每周只花 10 美元，开销主要是两大类：6.5 美元用于食物和杂费，3.5 美元用于住宿。

当然，我并不是说每个人的需求都一样，你需要的也许比我多得多。比如，拥有家庭的人，需要给孩子一个安定的家。但是我真的认为，任何必需品（包括非物质方面的必需品）之外的东西都是负担。**但凡你拥有什么东西，就得为之费神！**

简朴的生活非常自在，自从感受到这一点之后，我发现生活中内在与外在的幸福达成了和谐一致。这样的和谐一致意义非常深远，不仅对个人，对整个社会来说也是一样。因为在当今世界中，我们过于注重物质利益，却越来越远离和谐，就好像发现核能之后，把它用于制造原子弹，杀死人类！这是因为我们把内在的幸福远远置于外在的幸福之后。因此，对于未来有价值的研究，是针对内在、针对心灵的研究，这样我们才能让内外两方面实现平衡，我们才能知道，怎样更好地利用我们已经拥有的外部资源。

净化

除了上述四项准备工作之外，我发现自己还需要一些净化工作。第一项最简单：**身体的净化**。这与我的生活习惯有关。我以前吃的也是那些常见的食物。如今，想到曾经把那些乱七八

第 2 章 心灵成长：走向内心安宁

糟的东西塞进自己体内——心灵的居所，我就感到不寒而栗。

我小时候并没有善待自己的身体，后来才改变的。在决定全心全意奉献此生之后的五年里，我才开始好好照顾自己的身体。整整五年啊！现在，我主要食用水果、干果、蔬菜、全谷类食品（有机种植的更佳），偶尔加一点牛奶和奶酪。这就是我赖以维生、赖以行走的食物。

我也曾对咖啡因上瘾，早晨起床第一件事就是喝杯咖啡。一天早上刚刚喝完咖啡，我坐在那里看着咖啡杯，跟自己说："你早上总是要靠这东西才能振作起来！我可不想成为咖啡因的奴隶，到此为止吧！"我做到了，从此再也没有碰过咖啡。最初那几天也颇有点惦记，但我比咖啡更强大！

我奉行的人生箴言是：**己所不欲，勿施于人**。但我开始认识到，自己并没有做到，因此我立即决定不再食用任何肉类。现在，我不会再杀害任何生命，哪怕是鸡或者鱼。

我已经很多年不吃肉了，无论是畜类、鱼类还是禽类。现在我已经了解到，荤食有害健康，不过当时，我只是想把自己的爱进一步扩展开，不仅针对人类同胞，也涵盖一切生灵，我不会再伤害它们，不会再吃掉它们。

当时，我还不知道荤食对心灵无益，我只知道这与我的人生箴言相冲突，所以不会再这样做。不久之后我从医生那里得知，吃肉会导致体内残留毒素，这也是我变成素食者的原因之一。既然身体是心灵的居所，我想必须防患于未然。

后来我从一位大学教授关于这方面的著作中得知,生产我们食用的肉类所需的土地,要远多于种植农作物所需的。我希望尽可能让上天的子民们免于饥饿,这一点同样是我成为素食者的原因之一。

困难的地方在于,我们还没有学会不要自相残杀,这就是我们当前的课题。学会分享,学会不要杀人。至于学会不要杀害一切生灵,还需要一点时间。但已经有了这种意识的人,应该遵循自身最高的智慧行事。

当我知道精制的白面粉和白糖没有益处时,就不再食用;当我知道调味很重的食品有害健康时,也不再食用;当我知道所有的加工食品都含有对人体有害的成分后,从此都戒掉了;甚至大部分自来水也混合了多种化学成分,我会建议饮用瓶装水或蒸馏水。

我很了解哪些食物能够为身体提供恰当的养分,因此我非常健康。我喜欢自己选择的食物,但我进食是为了生存,不像有些人那样,活着就是为了吃东西。我知道什么时候应该适可而止,不会成为食物的奴隶。

人们吃了一大堆不恰当的食物之后,仍然会觉得饿。事实上,如果一直过多地食用错误的食物,会为你带来痛苦。我们可以建立健康的饮食习惯,只吃有益身心的食物,像我一样细嚼慢咽。然后,用各种有意义的事情填满生活,让食物成为生活中无关紧要的部分,你就几乎没有时间去想着它了。

第2章 心灵成长：走向内心安宁

在日常饮食、睡眠习惯中，我会尽可能地与大自然亲密接触。每天，我会吸足新鲜空气，晒足阳光，尽量接触大自然。我大部分时间在户外活动，融入自然之中。锻炼和休息都很重要。只要可能，我都会在太阳落山时就寝，保证8小时睡眠。我通过行走来锻炼，一边走一边甩动手臂，使之成为一套完整的运动。

你们或许会觉得，身体的净化大概是人们最愿意做的事情，但根据我的实际经验，恰恰相反，因为这意味着要改掉一些坏习惯，而坏习惯是最顽固的。

第二项净化是**思想的净化**。如果你认识到思想的力量有多么强大，就不会再出现负面的思想。正面思想会成为积极强大的力量源泉，负面思想却真的会为你带来病痛。我不吃垃圾食品，也摒弃垃圾思想。相信我，垃圾思想会比垃圾食品更快地毁掉你。我们必须警惕负面思想。

让我用下面的故事来告诉你，负面思想会使人受到多大的影响。我认识那个人时，他65岁，出现了所谓的慢性生理疾病的症状。我与他谈话时，感觉他人生中存在着未解的心结。但我当时不知道怎样才能帮助他，因为我看他和妻子、长大成人的孩子们、周围的邻居们都相处得不错。但他的心结始终存在。后来我才发现，他对过世多年的父亲一直怀恨在心，因为他父亲当年让他的弟弟接受教育，而不是他。他是个非常理智的人。

越走越平和

我与他长谈了一次。他是长子,在他应该上学的时候,他父亲完全没有足够的钱供他念书。他后面几个妹妹中,有三个也没念书。他弟弟是最小的孩子,那时候他父亲总算有了些余钱,可以让孩子接受教育。他倒不是嫉妒弟弟能念书,只是认为自己也该有同样的机会。当他理性地回顾往事,他认识到父亲已经为两个儿子尽了最大的努力,他终于解开了埋藏多年的心结。他所谓的慢性疾病渐渐消失,健康状况大有改善,最终完全康复。

如果你对任何人心怀哪怕一丝一毫的怨恨,或者存在任何恶劣的想法,必须尽快摆脱它们。它们伤害的不是别人,恰恰是你自己。仅仅做好事、说好话是不够的,还要心存善念,这样你的生活才能实现和谐。

在这段准备期间,我还没有完全找到真正的自我,我一直在逐渐了解。我对别人非常包容,这不难做到,但我对自己却毫不宽容。只要我做的事情没能达到尽善尽美,我就会对自己说:"你应该懂得更多。"后来有一天,我对着镜子梳头时,看着自己说:"你这个自负的家伙!既然你可以原谅别人的不懂事,为什么非要让自己懂得很多呢?你并不比别人强。"

你一定要学会,像原谅他人一样原谅自己。然后进一步,**把你耗费在自责上的精力,用于自我提高。**有此领悟之后,我才真正有所进展,因为你唯一能改变的人,只有自己。也只有在改变自己之后,才能启发别人寻求变化。

第2章 心灵成长：走向内心安宁

要花费很长时间，才能让生活与信念一致，所幸最后我终于实现了这一点。在此之后，一个永不停息的成长过程开启了。随着我遵循最高的智慧生活，越来越多的智慧之光源源不绝地涌入我心中。

第三项净化是**需求的净化**。你想要的是什么？难道是新衣服、新家具或新车那样肤浅的享受？如果你希望自己能与上天指引人类的法则和谐一致，与自己在世间的角色和谐一致，你的需求就应该集中于这个方向。关键是你要一心一意，把实现上天的意愿视为自己的需求。只要认清并承担起自己在生活中的角色，就能看到这个唯一的需求。如果能够这样想，还有什么别的东西真的重要、值得追求呢？

第四项净化是**动机的净化**。你做每件事的动机是什么？如果纯粹出于贪婪、自私自利、自我吹嘘的目的，我会劝你不要去做那些事，不要出于这类动机去做任何事情。但这并不容易，因为我们行为的动机都相当复杂。我从未发现有哪个人纯粹出于恶意的动机行事。也许有这种人，但我还没遇到过。我见过的人，往往都有着复杂的动机，善意与恶意的动机混合在一起。例如，我曾遇到一位商界人士，他承认自己行事并非出于最高尚的动机，但其中也不乏养家糊口、为社区做些好事之类的动机。可见动机是多面的。

越走越平和

有些团体研究最先进的心灵启发，我和他们讨论时，发现这些人有时会困惑于为何生活毫无改变。他们的动机是实现自己内心的安宁，这是个自私的动机，出于这种动机当然不可能如愿。如果希望实现内心安宁，你必须把外部世界的安宁作为动机。你必须做出贡献，付出而非索取。如果你希望所做的事情取得好的成果，必须是出于好的动机。生活的奥秘在于奉献。

我认识一位优秀的建筑师。显然，他所做的事情是好的，但动机并不正确。他的动机是赚到很多钱，在同行中出类拔萃。他拼命工作，累出病来，后来遇到了我。我让他做一些志愿服务。我告诉他，志愿服务能够带来快乐，一旦他体会到这种快乐，就再也不会回到以前那种以自我为中心的生活状态了。那之后我们保持着联系。几年后我顺路去看他，差点认不出来，他完全脱胎换骨了！他仍然在做建筑师。我去时他正在画设计图，他指着图告诉我："你看，我这样设计是为了满足业主的预算，我会在他们的地皮上盖起一座很棒的建筑……"他为业主画设计图时，动机是为他们服务。他改头换面，容光焕发。他的妻子告诉我，他的业务也蒸蒸日上，因为现在方圆数里的人们都来请他设计住宅。

我也遇到过一些人，必须换工作才能改变自己的生活，但更多的人，只需把动机转变成为他人做出贡献，就能让生活发生变化。

放下

最后一件事,就是放下。首先需要放下的,是**自身执着**,只要做到了这一点,就能找到内心的安宁。

你可以约束低等自我,如果想做不好的事情,抑制住这些动机。不仅仅是压抑它们,还要转化,使高等自我成为生活的主导。如果你想要说坏话做坏事,要努力把思想转到好的方面。认真转变心态,把同样的精力用在说好话做好事上面。这样做真的有用!

第二项要放下的,是**人我之别**。我们把自己和别人区分得很清楚,评判任何事情都是从与自己相关的角度出发,就好像我们是宇宙的中心。即使我们理智上知道这样不对,却仍然禁不住这样做。当然,在现实中,我们每个人都是人类整体中的一个细胞,不可能与其他人分离开来。一切皆为一体。只有从更高的角度来思考,你才能明白,什么叫作"像爱自己一样爱你身边的人",才能认识到,唯一现实的道路,就是为全体人民的利益而努力。如果行事只是为了自私的小我,等于一个细胞对抗其他所有细胞,只会越来越远离和谐。但只要你开始以整体的利益为目标,就会自然而然地与全体人类和谐一致。你看,这是一种多么轻松和谐的生活方式。

第三项要放下的，是**一切执念**。只要对某件物品、某个地方、某些人还存在执念，就不可能实现真正的自由。要正确对待物质的功用，使用物品完全没有问题，物品存在的意义就是被人们利用。但如果已经物尽其用，就应该做好准备将它们舍弃，或者转送给真正需要的人。已经用不着的东西，如果你还舍不得放下，它就会占有你。在这个物质至上的时代，我们很多人被自己拥有的财物所束缚，失去了自由。

我想，在自由与解放变成时髦名词之前很久，我就已经自由自在了。首先，我从那些无益于健康的习惯中解放出来，然后抛弃侵略、挑衅的想法解放自我。同时我也舍弃了一切不必要的财物。我觉得，这就是真正的自由与解放。

还有另一种占有——对他人的占有。无论你们之间的关系多么亲近，你不可能占有任何人。丈夫并非拥有妻子，妻子并非拥有丈夫，父母也并非拥有子女。**如果我们认为自己可以占有他人，就会想要支配他们的生活，这会使彼此之间关系极不和谐**。只有当我们认识到，自己不可能占有他人，别人只会按照他们自己内心的想法生活，我们才不会想要控制别人的人生，从而实现和谐相处。一切你想强行掌控的事情，只会反过来掌控你；换而言之，如果你想要自由，就必须先给别人自由。

现实生活中形成的各种关系，未必能持续一生不变。分离乃是常事，只要我们心中怀有爱意，离别就不会带来伤害，反而能够帮助心灵成长。

第2章 心灵成长：走向内心安宁

对于我们身处之处，要懂得感恩与欣赏，当我们受到别处的召唤时，也能不带痛苦地离开。在心灵成长的过程中，我们往往有很多次要把自己连根拔起，不得不结束人生的许多篇章，直到我们能够不再执着于世间任何事物，能够不带执念地爱着世上所有的人。

最后一项，是**放下一切负面感受**。在这里我想强调一种负面感受，就是担忧。即使最和善的人也会担忧。担忧不同于关注，关注会促使你做好有可能实现的事情，而担忧则是徒劳地纠结于我们无法改变的事情。

还有一种关于负面感受的看法，使我自己和他人都受益良多。那就是，没有任何外在的东西——不论是人还是事——能够伤害我的内心。我认识到，能够伤害我的内心的，只有自己错误的行为（而这是我可以控制的）、自己错误的反应（虽然比较棘手，但也是我可以控制的），或者当某些情况（例如当今世界）需要我做出行动时，我却毫无作为。当我认识到这一切之后，我感到多么自由！我再也不会伤害自己了。现在，即使有人对我做出最恶毒的事，我也只会对这个无法融入和谐的病人报以深深的怜悯，却绝不会用怨恨或愤怒这类错误的反应来伤害自己。你的内心是否会受到伤害，完全取决于自己。只要你愿意，你可以随时停止伤害自己。

这些就是我走向内心安宁的步骤，我希望分享给大家。这些并不是什么新的道理，而是宇宙一贯的真理。我只是从个人经历的角度，把这些事情用通俗易懂的话语说出来而已。只要我们遵循宇宙的法则，一切都会向好的方向发展；任何有悖于这些法则的事情都不可能长久，其本身就含有自我毁灭的因素。善良的本性使我们能够循天理而行，在这方面，我们拥有自由的意志。因此，何时才能遵循上天的法则，实现内心的和谐与世界的和谐，完全取决于我们自己。

在这段心灵成长期，我希望能了解并奉行上天的意愿。心灵的成长很难实现，但值得努力。这需要时间，就像任何方面的成长都需要时间。一点点进步足以令人欣慰，不要缺乏耐心，急躁只会阻碍心灵的成长。

将阻碍心灵成长的事物逐渐放下，是一个困难的过程，只有在放下一切之后，才能获得真正的回报。立即放下反而比较容易，福报会立即随之而来。如果你在生活中时时刻刻想着上天的意愿，上天的祝福也会泽被你的一切。

对我来说，这就好像从虚拟幻境逃脱，踏入丰富多彩的现实。在世人看来，也许感觉我放弃了很多，我放弃了累赘的财物，不再把时间花在毫无意义的事情上，不再无视该做的而去做明知不该做的事。在我看来，我得到了更多，包括健康与快乐这些无价的财富。

第 2 章 心灵成长：走向内心安宁

实现内心安宁

在心灵成长的过程中，会经历很多次起起伏伏，犹如高山与深谷一般。努力奋斗时，偶尔会遇到登顶一般的美妙感受，让我初尝内心安宁的滋味。

一天早晨我在户外散步，这种感受突然来临。一瞬间我感觉心灵前所未有的升华。我记得自己当时**感受不到时间与空间，只有一片光明**，仿佛已经不是在地面上行走。四周没有人也没有动物，但每一朵花、每一株草、每一棵树，都犹如笼罩在光环中。一片光芒照耀着世间万物，空中点点金光像雨点一般洒下。这种感受有时被称为启明期。

最重要的并不是这些美妙的感受，而是体会到世间万物合而为一。不仅仅人类是一个整体，我更认识到，世间万物皆为一体，包括世界上所有的动物、植物，还有空气和水，以及地球本身。而最美妙的是，那无所不在、无所不包、赋予一切生命的存在，也属于这个整体。很多人称其为"上天"。

从那时开始，我再也不曾觉得自己与外界是分离的。我能够一次次回到那美妙的山巅，也能越来越久地停留在那里，只是偶尔脱离片刻。

也正是在那时，我获得了为和平而步行的启示。当时我坐在高高的山顶上，俯瞰着美国新英格兰地区的乡村。前一天，我曾经暂时脱离了那种和谐统一的状态，晚上我面对上天思考：

如果我能一直保持那种和谐的状态，似乎能够起到更大的作用，因为每次从和谐中脱离，我起到的作用都会削弱。

当我在清晨醒来时，我又回到了心灵的山巅，体会到那种美妙的感受。我知道自己再也不会落入深谷。我的挣扎已经结束，我终于成功地奉献出自己的一生，找到了内心的安宁。从此不会再回头，不会再挣扎，心甘情愿地去做正确的事，无须强迫。

我走到室外，静心与上天独处，脑海中突然浮现出一个想法，心中有一种强烈的想要行走的愿望：我要以这种特别的方式寻求和平。

我想象着，独自一人走在路上，穿着这件代表我使命的衣服……我看到一张美国地图，标着很多大城市，似乎有人用彩色蜡笔画了一条曲曲折折的路线，从东海岸到西海岸，从美国一侧边境到另一侧，从洛杉矶到纽约。我终于知道自己要做什么了。

我进入了一个全新的美妙世界。一个有意义的目标，使我的人生获得了上天的福佑。

然而，心灵成长的历程并没有结束。我在生命中这第三个阶段里成长了很多。就好像人生的拼图已经拼好中间的主要部分，清清楚楚，再无变动，只是四周边缘还在加入新的版块。边缘的范围一直在扩大，但这个过程始终和谐。我一直觉得自

第2章 心灵成长：走向内心安宁

己被一切美好的事物（比如爱、安宁和喜悦）围绕着，就好像一个保护层，使你的内心不会动摇，引领你征服需要面对的一切考验。

世人也许会冷眼旁观，认为你正身陷困境，但内心的力量始终存在，帮助你顺利渡过难关。似乎不再有什么难事，只有平静安详、从容不迫，不需要再为任何事情纠结抗争。这是我学到的重要一课。如果你的生活与你在世间的角色和谐一致，如果你能遵循上天的法则行事，人生就会充实美好。如果感到不堪重负，说明你目前所做的事情并不恰当，在上天的整体安排中这并非你该做的事情。

如今，活着是付出而非索取。随着全心全意地付出，你会发现，就像"将欲取之，必先予之"的道理一样，"有舍必有得"，健康、快乐、内心安宁，这些最美好的事物也都会自然而然地获得。你会感受到无穷无尽的精力，像空气一般取之不尽用之不竭，仿佛接入了宇宙能量的源头。

现在，你才真正能够控制自己的生活。你的高等自我（由上天控制），主宰你的身体、心灵和情感。（低等自我从未真正起到过主宰作用。低等自我会被身体寻求舒适便利的想法、心中的欲望、情绪的爆发所控制。）

我可以对自己的身体说："躺到那块水泥地上，睡觉。"我的身体会听令行事。我可以对我的心灵说："心无旁骛，专心做眼前的事。"心灵也会乖乖听话。我可以对我的情感说："保持

越走越平和

冷静,即使正面临着可怕的情况。"情感就会平静下来。一位伟大的哲学家曾经说过:"看似步伐不合拍的人,也许是追随着另外的鼓声。"现在,你就是跟随着另一种不同的"鼓声",不是低等自我,而是更崇高的本性。

完成了心灵的成长之后,你会认识到,每一个人都同样重要,都有着各自的使命,也都具有同样的潜能。人们只是处于不同的成长阶段,这一点确切无疑,因为我们都拥有自由的意志。你可以自由选择是否要完成心灵与情感的成长,很多人会选择不要。你也可以自由选择是否要开始心灵的成长,在你完全自愿、没有任何保留地脱离以自我为中心的生活时,就是心灵成长的开始,而大多数人仍然会选择不要。但我正是因为实现了心灵的成长,找到了内心的安宁,才能为如今和平使者的旅程做好准备。

透过以上天为中心的本性的眼睛,你会看到一切现象的本质,看到一切物质的创造者,那是个非常非常美妙的世界!

1952年,我意识到,和平使者是时候开始前行了。当时朝鲜战争如火如荼,反共反民主的麦卡锡时代达到顶峰。那时候,国会实行有罪推定,除非人们能证明自己的清白。当年的气氛非常恐怖,保持冷漠是最安全的。没错,这就是和平使者应该开始前行的时刻,因为和平使者的任务就是唤醒冷漠的人们,让他们开始思考。于是我用剩下的最后一点钱,买了传播讯息所需的纸张和印刷模板，还有制作第一件背心要用的布料。我设计了那件背心，加利福尼亚州的一位女士为我缝制好，上面的文字由一位广告牌绘制者帮我画上去。我穿上这件背心的第一反应是："太棒了，就是这样"，我对它完全满意。

第 3 章
和平之旅

每个人都有善良的一面,无论埋藏得多深,必定存在。这种善良的本性随时可以引领你的生活走向美好。

第3章 和平之旅

使者，就是心中抱有目标的旅人。最常见的是以某个地点为目标，也可以是以某件事为目标。我的目标就是和平，所以我是一名和平使者。

我为之奔走的目标，是一幅完整的和平画卷：国家之间的和平、团体之间的和平、环境中的和平、人与人之间的和平，以及最最重要的——每个人内心的和平安宁——这一点是我最常谈到的，因为这是一切和平的根源。

这个世界中，我们周遭的种种情况，都会受到各项因素的综合影响。追根究底，只有当我们自己成为更加平和的人时，我们所生活的世界才会更加和平。

据我了解，中世纪的朝圣者会像虔诚的信徒一般出发，不带钱，不带食物，不带多余的衣物。我身无分文，在旅途中不会接受金钱馈赠。我不属于任何组织，也没有团体支持赞助。我拥有的，就只是身上的衣物和随身携带的东西。没有什么能束缚我，我就像空中翱翔的飞鸟一般自由自在。

除非有人为我提供宿处，否则我会一直行走；除非有人为我提供食物，否则我会始终禁食。我不会开口索取，但人们会主动为我提供。大家都这么好心！每个人都有善良的一面，无论埋藏得多深，必定存在。这种善良的本性随时可以引领你的生活走向美好。

现在，我作为使者，一边行走一边祈祷，在行走中寻找机会与人们接触，启发他们以自己的方式促进和平。为了这个目的，我身穿一件背心，前面印着"和平使者"，后面印着"为和平行走25000英里"。我用这种最亲切温和的方式与大家接触。我喜欢亲切待人。

别人主动接触你，比你主动接近他们要更容易沟通。被我吸引来的人，有的是衷心向往和平，有的只是好奇罢了。但这两种人对我来说都非常重要。我会与他们分享和平的讯息，一言以蔽之：和平的道路是——行善止恶，存真去伪，留爱忘恨。

这条谚语作用强大。此话并无新意，问题只是怎样实现。但我认为，这一点就是如今最重要的课程，因此我将它列入和平使者传达的信息。请不要轻率地认为，这只是毫不实际的宗教概念。这些法则掌控人类的一切行为，就像重力定律一样，屡试不爽。如果我们在生活中的任何方面无视这些法则，就会引起混乱；如果能遵循这些法则，我们的世界就能进入一个和平富足的时期，超乎想象的美好。

在我们这个时代中，关键在于实践。我们已经拥有所需的指引，现在只需付诸实行。

支持我行走的力量，不是青春的精力，而是一种更强大的力量，内心安宁会带来无穷无尽的精力！在你传达上天的意愿时，凡事都没有极限，因为上天的意愿会通过你来实现：你只是工具，而上天的能力是没有极限的。遵循上天的指引行事，你不会感到纠结抗争，而是平静安详、从容不迫。

我的和平之旅，不同于含有暴力因素的运动，我完全不想

第3章 和平之旅

把任何事情强加给人们。和平之旅只是一段祈祷与示范的旅程，我在行走中首先是为和平而祈祷。如果你能奉献一生来祈祷，会产生无与伦比的强大力量。

虽然承担起和平使者这项使命，但我并不认为自己是单独一人，而是代表世上所有企求和平的心声。人类踏着恐惧蹒跚的脚步行走在刀刃上，从混乱的深渊走向重生，而一股强大的力量正把人类重新推向混乱。可是希望仍然存在。虽然人类在追求和平的道路上盲目摸索，时而迷途，但在一些无私的灵魂孜孜不倦的奉献中，在人类内心对于和平的殷切渴求中，我仍然看到了希望。

和平之旅是我为人们阐述和平之道的机会，也是赎罪的苦行。我以前曾经做过或未做的事情，或者也助长了当今世界的悲剧状况。我为我们这个几经战火蹂躏的世界祈祷，但愿在毁灭来临之前能够找到通往和平的道路。

我的使命是帮助人们找到内心的安宁，从而推动全面的和平。如果我能找到，你也一样可以。和平理念的时代已经来临。

和平之旅始于1953年1月1日。在某种意义上，这一天是我灵魂的诞生日。在这期间，我与整个世界融合起来。我感觉自己不再是埋在地下的一颗种子，而像是一朵鲜花，自然而然地向着太阳绽放。从那天起，我成为一位步行者，把自己完全托付给人们的善心。我以传统的方式踏上这次和平之旅，只靠

越走越平和

双脚与信念。我把自己的名字、经历、财物与人际关系全部抛诸脑后。

这是一段光辉的旅程。

旅程的起点是美国加利福尼亚州帕萨迪纳市的玫瑰花车游行。我走在队伍最前面,与人们交谈,发放关于和平的传单。我注意到,节庆的气氛并没有削弱人们对和平真诚的企盼。我们走到半路时,一位警察把手搭在我肩上,我以为他要把我赶出游行队伍,没想到他却对我说:"我们需要的正是千千万万像你这样的人。"

最初在洛杉矶地区引起的反响非常不可思议,所有的媒体都在报道我和那条简短的和平讯息。我花了好几个小时接受新闻记者的采访和拍照。所有的通讯报道都刊登了关于和平旅程的新闻,甚至还加上了我的照片。我参加了两次电视直播节目,也花了很多时间为广播和电视的新闻报道录音录像。

从洛杉矶到圣地亚哥一带的媒体都对此很感兴趣。我在圣地亚哥市参加了一个电视节目和四个广播节目。圣地亚哥市基督教联合会主席赞同我希望传达的讯息,以及我的三项请愿,并在教会中广为传布。

不在道路上行走的时候,我会宣传三项和平请愿,并收集人们的签名。第一项请愿,是希望朝鲜半岛尽快实现和平:"停止在朝鲜半岛的杀戮!用唯一能解决冲突的方式来处理。行善

第3章 和平之旅

止恶，存真去伪，留爱忘恨。"

第二项请愿，是向总统及国会领袖请求设立和平部："和平的道路，就是行善止恶，存真去伪，留爱忘恨。我们请求设立和平部，任用接纳以上原则的人为和平部长，处理国内外相关冲突。"

第三项请愿，是向联合国及世界首脑提出裁武与重建的建议："如果希望找到和平的道路，必须行善止恶，存真去伪，留爱忘恨。希望我们能摆脱庞大的军备压力，摆脱憎恨与恐惧，从而使我们能够帮助饥饿的同胞，重建破碎的城市，享受富足的生活，这些愿望只有在太平盛世才能实现。"

在和平之旅中，我为这些请愿收集个人、和平团体、教会、组织的签名，放在随身携带的专用小袋子里，在第一次横穿全美的旅程结束后，呈给了白宫及联合国。我很欣慰，在第一年结束之前，部分地实现了第一项请愿"停止在朝鲜半岛的杀戮"。

在与圣地亚哥市隔界相望的墨西哥提华纳市，市长接见了我，请我捎个信给纽约市市长。我也曾为加利福尼亚州的印第安人捎信给亚利桑那州的印第安人。

第一年我路过圣地亚哥市的时候，做了一次公开演讲。一位高中老师在路上拦住我，问我能否给她的班级做次演讲。我告诉她，说实话，我从未以和平使者的身份公开演讲过。她向我保证完全没问题，只要回答学生的问题就可以了，于是我答应了。如果确实有值得说的内容,不妨说出来,要不还有什么可演讲呢?

当众讲话对我来说不是个问题。如果你完全遵循上天的意愿,做起来会感到轻松愉快。我演讲的时候,能量仿佛电流一般流遍我的全身。

起初,我的演讲往往是临时安排的。比如我路过一所学校时,校长跑出来对我说:"学生们隔着窗户看见了你,你愿不愿意与他们谈谈?我们可以叫学生在体育馆里集合。"于是我答应了。

中午,市民俱乐部里有个人走近我说:"我们原定的演讲者缺席了,能不能请你来我们的午餐会演讲?"我当然也同意了。

同一天下午,一位大学教授在去上课的路上拦下我问:"可否请你去见见我的学生?"于是我又在他的班上做了演讲。

到了晚上,有位牧师和妻子正要去参加教堂的聚餐,他们拦下我说:"你愿不愿意和我们一起共进晚餐,然后给我们做个演讲?"我答应了。当晚他们还留我住了一宿。这一切都发生在我不断行走的同一天中,没有经过事先安排。

现在我忙于到处演讲,大学、高中、教会等等,但这一直是种快乐的忙碌。我按照自己的座右铭"先做重要的事情",安排好演讲,及时回复邮件,同时继续行走。

有一次在辛辛那提市,我一天之内去了七个礼拜堂,做了七次演讲。在那个礼拜天,当地的牧师都不必布道,我给他们放了一天假!

第3章 和平之旅

为我举办的任何聚会，我都不会接受捐款。我做事从来都分文不取。至于寄来的捐款，都用于印刷宣传资料，免费发放给索取的人。

真理是无价之宝，不可能用钱买到，想要拥有心灵上的真理，唯一的途径就是自己努力追寻，等到时机成熟，你会自然而然地获得。真理也不可能出售，想要售卖真理的人只会伤害自己的心灵。一旦把它商业化，你的心灵成长会立即停顿断线。拥有真理的人绝对不会将它包装出售，因此，任何贩卖真理的人，其实并没有真正获得真理。

最初踏上和平之旅时，我已经准备好历尽艰辛。我决心只要满足最低生活需求即可，也就是说，不接受任何超出生活必需的东西，因为世界上还有那么多人尚未实现温饱。苦行赎罪，就是自愿承担艰难困苦，以求实现美好的目标。我愿意这样做。但是当艰苦真正来临时，我发现自己已经超越其上。我并不感到艰苦，反而有一种安宁愉悦的美好感受，使我进一步确信，自己遵循了上天的指引。我所面临的，并不是艰难困苦，而是上天的福佑。

我还记得，在和平之旅中学到的第一课就是接受。很多年来，我一直习惯于付出，我需要学会怎样坦然接受，就像大方付出一样，这样才能让别人体会到付出的喜悦与福报。如果你活着就是为了付出，那将是多么美好的生活。对我来说，这是

越走越平和

唯一的生活方式,在付出的同时得到心灵的祝福。

在和平之旅的初期,我经历了严峻的考验。人生就是一连串的考验,但如果能通过考验,回头再看,那些就都已成为美好的经历。我很高兴自己能拥有这些经历。

如果你对人类同胞怀有爱心、报以积极的态度,你就不会害怕。"完美的爱能够驱散所有的恐惧。"

我曾经遇到一项考验,当时已是深夜,我身处加利福尼亚州的沙漠中。路上几乎没有车辆,方圆数里渺无人烟。我看到一辆车停在路边,司机对我叫道:"来吧!坐进来暖和点。"我回答说:"我不搭车。"他说:"我哪儿也不去,就停在这儿。"于是我坐进车里。我打量了一下那个男人,他身材魁梧、举止粗野,大多数人会把他视为大老粗。我们谈了一会儿,他问:"你要不要打个盹儿?"我答:"哦,我当然想。"然后我就蜷缩起来睡着了。醒来后,我注意到那个男人一脸困惑。我们又谈了很长时间,他终于承认,他把我叫进车里时,确实心怀不轨。但他又说:"你如此放心地蜷缩起来睡着之后,我实在没法冒犯你。"

我感谢他为我提供休憩之处,然后继续上路。回头看时,他正仰望天空,希望他那天晚上找到了上天的存在。

只要怀有广博的爱心与深刻的信念,谦逊无害地行走,就是最安全的。这样的人能够触动他人内心的善良(每个人的本性都是善良的),这样的人绝不会被伤害。人与人之间是如此,

第 3 章 和平之旅

团体之间是如此，国家之间也是如此，只要各国有勇气去尝试。

我曾经和一个情绪不稳的十几岁男孩一起步行，后来被他殴打。他想要去远足，又怕自己会摔断腿，独自一人躺在那里没有人救他。大家都不敢和他一起去，因为他块头很大，看起来像橄榄球运动员一样，而且大家都知道他时常有暴力行为。他甚至曾经把他妈妈打得伤势严重，在医院里住了好几个星期。所有人都怕他，于是我自告奋勇去陪他。

爬上第一个小山头时，一切都还平安无事。随后我们遇到一场暴风雨。雷阵雨逐渐逼近我们时，他非常害怕，突然间失去控制，冲过来殴打我。他背着个很重的背包，如果我想逃的话一定跑得掉，但是我没有动。即使在他打我的时候，我对他仍然只有深深的同情。会这样殴打一个毫无招架之力的老妇人，这个人心理上的疾病该有多么严重！即使承受着他的殴打，我仍然以爱包容他的恨。终于，他停手了。

他说："你没有还手！我妈妈都会还手。"由于他的心理障碍，他反应比较慢，但他内心的善良还是被触动了。是的，每个人心底都是善良的，无论埋藏得有多深。事后他感到非常悔恨自责。

和一个人的脱胎换骨相比，我身上这点瘀青又算得了什么呢？长话短说，他从此不再动粗了。如今，他已成为一个有用的人。

越走越平和

另一次事件中，我受到上天的召唤保护一个柔弱的8岁小女孩，有个大块头男人要打她。小女孩害怕极了。这是我遇到过的最棘手的考验。当时我到了一个牧场，牧场主一家要进城，小女孩不想去，既然我恰好在那里，他们就请我照料一下这个孩子。我正坐在窗前写信时，看到有辆车开过来，一个男人下了车。小女孩看到他拔脚就逃，男人紧跟在后，追进了一间谷仓。我也立即跑了进去。小女孩惊恐地蜷缩在角落里，男人缓缓地逼近她。

你们都知道思想的力量有多大，人们不断地用思想影响一切。你越是害怕的事情，就越会发生。所以我知道，她处于险境之中是因为她害怕。（我无所畏惧，只期盼好的结果，而那真的会实现。）

我立即挡在男人和小女孩中间。我只是站在那里，用慈悲的爱心看着这个心理扭曲的可怜人。他继续接近，终于停了下来！他盯着我看了好久，最后转身离去。小女孩安全了。整个过程中没有人开口说话。

我还能怎么做呢？如果我愚蠢到忘记爱的法则，以暴力反抗回击，毫无疑问会被揍得很惨，甚至可能死掉，小女孩也会有同样的遭遇。不要低估上天爱的力量，它能感化一切，唤醒别人心底的善良，消除威胁。

和平之旅最初有两个目的。首先是与人们接触，这一点至

第3章 和平之旅

今仍不变。其次是作为祈祷的苦行,让我始终专注于为和平祈祷。不过几年之后,我发现自己已经不再需要借助苦行祈祷。现在我无时无刻不在祈祷,希望自己**成为传播真理的工具**。

在美国亚利桑那州班森市的旅途中,我在邮局寄信时被一位便衣警察逮捕。我被带到了警局,被当作流浪者拘留。为信念而行走,可能会触犯美国刑法中的流浪罪。没错,我曾因身无分文被拘留过好几次,但只要警方理解了我的行为,都会释放我。

监狱和拘留所的区别很大。监狱规模较大,有各种规章制度。拘留所属于小型机构,没有太多规定。我待的就是这种拘留所。

我被关进一间没有窗户的大牢房,周围一圈隔间,晚上每间会关进四个女犯。进去时我对自己说:"和平使者,你已决定奉献一生为他人做出贡献,看吧,这里就是需要你做出贡献的新领域!"

我走进去时,一个女孩说:"哟,你可真有意思,你是唯一一个微笑着进来的人,大多数人进来时要么哭要么骂。"

我对她们说:"假设你在家里休息一天,你不会利用那天做点有意义的事吗?"她们说:"会啊!可我们做什么好呢?"于是我带她们唱歌,振奋精神;教她们做简单的运动,舒展全身筋骨;然后我为她们讲述了实现内心安宁的步骤。我告诉她们,

越走越平和

这里也是一个小社区,外面可以做的事情,在这里一样能做。她们兴味盎然,问了许多问题。哦,这是多么美妙的一天。

那天晚上,狱警们换班。这些女孩不喜欢新来的女狱警,说她很讨厌,叫我不要理她。但我知道,每个人心底都是善良的,于是我和那位女狱警聊了聊。我了解到,她做这份工作是为了抚养孩子。她不得不工作,但又经常感到不太舒服,这导致她时不时有点暴躁。可见凡事总有原因。

我请这位狱警尽量只着眼于犯人们身上善良的一面,也请女孩们尽量只看这位众矢之的的狱警身上好的一面。

后来我对狱警说:"这里已经挤满了,不如我在长板凳上睡吧,也能睡得很好的。"没想到,她让人给我搬了张行军床来,床单干干净净的,还让我洗了个热水澡,就像在家里一样舒适。

到了早晨,我和朋友们道别,一位警官送我去几个街区之外的法庭。他没有给我戴手铐,甚至没有抓住我的手臂,但他随身有佩枪。我看着他,问道:"如果我逃跑的话,你会对我开枪吗?""噢,不会的!"他咧嘴笑着说,"我不会对能抓到的目标开枪。"

那天上午,我在法庭上被判无罪,立即开释。在我前晚被收走的个人物品中有一封信,对我得以释放起到重要作用,信中写道:"带着这封信的人,把自己称为和平使者,她徒步穿越整个美国,希望唤起人民对世界和平的关注。她只是路过本州,我们与她并不熟。对她来说,这无疑是一次漫长而艰难的旅行,

第3章 和平之旅

我们希望她一路平安。"信写在正式公文用纸上,还有州长霍华德·派尔的签名。

被释放的时候,一位法警对我说:"拘留一天似乎对你没什么不好的影响。"我说:"你们关得住我的身体,但关不住我的心灵。"他们能用铁窗关住的只是肉体而已,我从未觉得自己在坐牢。你也一样可以永远不觉得被囚禁,除非是你自己囚禁了自己。

他们送我回到前一天我被带走的地方。这是一段美好的经历。

每一段经历都是你自己塑造的,它们各有其用意。也许是为了启发你,也许是为了教育你,也许是为了给你一个机会用某种方式为他人做出贡献。

虽然现在我的演讲大部分会被事先安排好,但我仍然会偶尔临时应邀去演讲。有一次在明尼阿波利斯市,我本来在市民俱乐部的聚会上接受记者访问,人们正在等明尼苏达州州长前来演讲,但州长临时无法出席,于是他们邀请我代替演讲。当然,我同意了。

说到州长,曾经有一天我踏入州政府的大门,一位和蔼可亲的绅士向我迎来,和我握手,问我是否需要帮助。我告诉他我想找州长办公室,他马上就领我去了,接着又问:"还有什么可以效劳的吗?"我回答:"我在想,不知有没有荣幸和州长握个手。"这位亲切和善的绅士说:"你已经和州长握过手了。"原来他就是州长本人。

和平之旅的第一年，我走在艾尔帕索市与达拉斯市之间的高速公路上，因为流浪罪被拘留。我以前从未听说联邦调查局会调查流浪罪，但我还真遇到了这种事。一辆黑色的车停下来，里面的人对我亮出证件。他没有命令我，只是问："你能跟我走一趟吗？"

我说："好啊，我很愿意跟你谈谈。"

我在路上画了一个大大的"×"，然后上了他的车。那时候我还在计算里程数，如果离开高速公路就会画个"×"当作记号，然后再回到原来的地点继续走下去。

他把我带到监狱说："以流浪罪拘留你。"于是我走了一遍拘留的流程。第一步是采指纹，我感到挺新鲜的，因为我以前从未按过指纹，后来也再没有过！然后他拿来一种药水，把我手指上的黑墨水擦掉。我还在想不知要多久才能洗干净，墨渍就已经完全不见了。

我对他说话就像我与其他任何人说话一样，于是氛围变得很有意思。显然他已经习惯了人们不合作的态度，而我就用面对常人的态度对待他，结果他给我来了一次指纹讲座，让我看各种图片。那真的很有趣，我以前从未了解过这么多关于指纹的事情。后面还有人排队等着，但我并不知道，出了房间才发现外面大排长龙。

第 3 章 和平之旅

之后他们带我去照相,用链子把一个号码牌挂在我脖子上。他们给我拍正面照和侧面照,这时我想起邮局布告栏里贴的那些通缉犯相片。我记得那些人看起来都非常愤怒,心想:"我可不要那样。"于是露出了一个最甜美的笑容。通缉犯名册里将出现一张微笑的脸!

再然后是问话,他们让我坐在强光照射的位置,以制造心理威慑效果。但那时我已经上过电视,心想:"他们真的认为这灯光很强吗?那真该看看电视摄影棚里的灯光!"在那个时代,摄影棚里的灯光不但非常亮,还很热。

他们先问我是否愿意回答任何问题,我说:"当然,我会回答你们的问题。并非因为你们是执法的警官,而是因为你们是我的人类同胞,我对所有人类同胞的问题都会回答。无论职位高低,你首先是一个人。如果我们能以人与人之间的方式交流,很快就能完成这个流程。"

问话最终确实是以那种方式结束的。

他们起初采用了干扰式的审讯技巧。一个人先发问,我还没来得及回答,其他人又提出另一个问题。我不得不一直说:"请等一下,让我先回答这位先生的问题。"后来他们才逐渐提出一些有意义的问题,就像大学生们会问我的那些问题。我可真是费了一番劲才切入主题!

后来他们提到暴力伤害行为,问我:"你有没有可能在某种情况下使用或认可使用暴力呢?"我说:"没有可能,这违背了上天的法则。比起人世间的力量，我更希望上天的力量与我同在。"我告诉了他们和那个情绪不稳的十几岁男孩一起步行时被他殴打的事情。

然后他们又问："如果为了保护你所爱的人有必要使用暴力呢？"我说："哦，不，我不破坏神圣法则就能够保护我所爱的人。"我给他们讲了我和那个被托付给我照料的8岁小女孩遇到那个有心理疾病的男人的经历。

后来他们谈到一些比较有哲理性的问题："如果你一定要在杀人和被杀之间做出选择，你会选择哪个？"我回答说："只要我的人生与上天的意愿协调统一，就不需要做这样的选择。除非我的天职就是要成为殉道者，但这种天职非常崇高、非常少见。殉道者能够教诲世人成长，但我觉得这并非我的天职。如果我必须做出选择，我宁可被杀也不想杀人。"

他们问："你能不能从逻辑上解释一下这种心态？"我试着为他们解释以自我为中心的本性与以上天为中心的本性，让他们了解两种不同的态度。我告诉他们，在我的观念中，这个身体并不是我，只是我外在的皮囊。驱动这个身体的灵魂才是我，真实的我。我如果被杀，毁坏的只不过是身体这具皮囊；但如果杀人，伤害的却是灵魂这个真实的我！

最后他们对我下的结论是，我的和平之旅是以信仰为基础的。如果我当时回答："无论如何，你们都知道什么是自卫吧，就算法律也是允许自卫的。"这也许会被认定为合法，但无关信仰。

第3章 和平之旅

曾经有一次,我感觉自己像是在与大自然搏斗。当时我在沙尘暴中行走,有时候风强得几乎让人站不住,有时候沙密到让人看不见前方,我只能摸索着马路边缘前进。突然,一辆警车停在我旁边,警察推开车门喊道:"快进来,女士,不然你会没命的!"我告诉他,我是为了和平而行走,不搭便车(当时的想法)。我还说,上天会保护我,没有什么好怕的。就在那一刻,风停了,沙尘平息下来,阳光冲破云层普照大地。我继续行走,觉得从心灵上超越了困难,那感觉真棒。

我们面临的每一种新环境,都是心灵成长的课堂,如果能学好这一课,就会在心灵上有所收获。能够面临考验是好事,我们在通过考验的过程中学习成长。我把自己面临的一切考验都视为美好的经历。在考验来临之前,我相信自己会以充满爱心、无所畏惧的方式来面对;在考验之后,我知道自己已经做到了。每一项考验都是一次心灵成长的经历。至于最终结果是否如我们所愿,其实并不重要。

我还记得有一次,地方报纸报道我将在一次教堂礼拜仪式上演讲。报上刊登了我穿着那件印字背心的照片,正面的和背面的都有。教会里有一个男人看到有个穿着印字背心的家伙要来他的教堂演讲,完全吓坏了。他为此到处打电话给牧师、给朋友。有人把这件事告诉了我。得知在某种意义上冒犯了这个陌生人,我深感歉意,于是我打了个电话给他。

我说:"我是和平使者。"听到他在那边倒吸了一口气。后

越走越平和

来他告诉我,他以为我是打电话来骂他的。我又说:"我是打电话来跟你道歉的。你我并不相识,你却不欢迎我去你的教堂演讲,想必是因为我做了什么冒犯你的事情。所以我觉得必须向你道歉。"

你知道吗?这通电话还没有讲完,那个男人就哭了起来。现在我们已经成为朋友,之后一直保持着联络。没错,爱心的法则绝对有效!

另一次,有个男人对我说:"我很意外,你和我想象的大不相同。你在和平之旅中写下的讯息非常严肃,我读了后以为你是个一本正经的人,没想到你整个人洋溢着喜悦。"我对他说:"领会了上天意愿的人,怎么不喜悦呢?"

如果你总是拉长了脸盛气凌人,如果你无法散发出热情友好的气场,如果你无法对全体人类和一切生物怀抱爱心和善意,那么可以肯定,你并未领会上天的意愿。

人生就像一面镜子。你对它微笑,它也会对你微笑。我总是满面笑容,于是每个人也都回报以微笑。

如果你对别人报以足够多的爱心,别人也会以爱心回应你。如果我冒犯了别人,我会谴责自己,因为如果我采取恰当的行为方式,即使别人不同意我的观点,也不至于觉得受到了冒犯。**在开口之前,要先思考话语会不会伤人。**

我曾亲身体验,爱心不需言语。当时我想帮助一位女士,她病得很重,无法开车。她想去姐姐家里卧床休息几周,我便

第3章 和平之旅

开车送她过去。当时我的驾照还没过期。在路上她对我说:"和平使者,我希望你能陪我住几天。我姐姐太霸道了,我几乎不敢与她单独相处。"我说:"没问题,这几天我正好有空,我会多陪你一段时间。"

开车驶入她姐姐家的院子时,她又说:"和平使者,真不知道我姐姐会怎么接待你。"

她对于姐姐的看法完全没错。她姐姐一看到我穿着这件印字的衣服,马上命令我离开她家。但天色已晚,而她很怕黑,于是说:"今晚就算了。你可以在沙发上过夜,但明天一早你必须离开!"

然后她就催妹妹赶快上楼睡觉。好吧,情况比我想象的还糟糕。我当然不能就这样丢下朋友离开,但我能做些什么呢?于是我环顾四周,看看是否有什么能帮助我与她姐姐沟通。我看了看厨房,脏碗碟堆积如山,没有洗碗机。于是我把所有的碗盘都洗了,又把厨房打扫干净,这才躺下来睡了几个小时。

第二天一早,她姐姐哭着请我留下。她说:"你一定能理解,我昨晚是太累了,都不知道自己在说些什么。"我们共同度过了美好的几天。你们看,这给了我一个机会,让我能把和平的讯息付诸实施。有机会实践肯定是好事,俗话说,熟能生巧。

在旅途中,一位酒吧老板请我用餐,我正吃着的时候他问:"你在这种地方感觉如何?"

"我相信每个人都是上天的儿女,"我回答说,"即使他们目前的行为体现不出这一点,但我相信他们能够做到。我因为他们所具有的这种本性而爱着他们。"

我站起身准备离开的时候,看到一个人手里拿着一杯酒,也正在站起来。我们目光交汇,他对我微微笑了一下,我也回报以微笑。"你居然会对我微笑,"他惊讶地说,"我以为你根本不会理睬我,你却对我微笑。"我又笑了笑:"我到这里来不是为了批判谁,而是为了爱与奉献。"突然,他在我面前跪了下来,说:"所有人都批判我,我只能自卫。你却没有,那就让我自己来评判吧。我是个没用、一无是处的罪人!我把钱都花在喝酒上了。我虐待我的家人。我变得越来越糟!"我把手放在他肩上说:"你是上天的儿女,你的行为能够体现出这一点。"

他厌恶地看了一眼手中的酒,随手丢在吧台上,玻璃杯摔得粉碎。我们对视了一下。"我发誓,我再也不会碰这玩意儿了!"他宣布说,"绝对不会!"他踏着坚定的步子走出门外,眼中焕发出全新的光彩。

这个故事有个美满的结局。大约一年半以后,我从当地一位女士口中得知,大家都看到那个男人遵守了他的诺言,他再也没有沾过一滴酒。现在他有了一份不错的工作,与家人相处和睦,定期去教堂。

如果你以批判的心态对待别人,他们会产生防御心。如果你能心怀慈爱,不去评判别人,对方反而会自省、改变。

第3章 和平之旅

在和平之旅中，有很多汽车停下来，想送我一程。有些人以为，徒步旅行就意味着搭便车。我告诉他们，我不会欺骗上天，计算和平之旅的里程数不容有诈。

记得有一天，我沿着高速公路行走，一辆豪车在我身边停下，司机对我说："能够响应上天的召唤，多么美好！"我回答说："我确实觉得，每个人都应做自己该做的事情。"

他开始告诉我自己想做的事，那件事很有意义也有必要去做。我听了非常兴奋，以为他一定正在付诸实施，便说："那真是太棒了！现在做得怎么样了？"他回答说："哦，我并没有真的去做，这种事情没什么回报。"

我永远也忘不了那个人是多么不快乐。在这个物质至上的时代，我们会用金钱和物质这类错误的标准衡量成功。但朝着这个方向，不可能找得到内心的快乐和安宁。知而不行的人，必定非常不快乐。

另一次路边的经历，也是一辆高级车停在旁边，里面一对穿着体面的夫妇和我攀谈，我为他们解释自己所做的事情。突然，那位先生出人意料地哭了起来。他说："我没有为和平做一丁点事情，你却做了这么多！"

还有一次，一个男人停车跟我说话。他打量着我，不是很友好，但非常吃惊与好奇，就好像看到了一只活的恐龙。

"在如今这个时代，"他说，"世界上到处都是很棒的机会，你到底为什么跑出来为和平行走呢？"

"在如今这个时代，"我回答说，"人类在核战的威胁下濒临毁灭的边缘，有人愿意为和平奉献一生不足为奇。很多人不愿意为此奉献，那才不可思议呢。"

第一次穿越美国的和平之旅结束时，我满怀感恩，庆幸自己终于响应上天的召唤，做了自己该做的事情。我心想："能够做些事情满足上天的意愿，真是很美妙！"

随后，我在纽约市中央车站里过了一夜。

半梦半醒之时，我仿佛听到一个美妙无比的声音在鼓励我："你是我钟爱的女儿，我很欣慰。"完全清醒过来时，天语纶音似乎刚刚停息，余音尚回荡在车站中。我走入寒冷的清晨，却感到全身温暖。我独自行走在人行道上，却像是漫步云端。我的生活与上天和谐一致，这种感觉从此一直伴随着我。

第4章
和平之旅的回忆

在和平之旅的路途中,我始终觉得十分安全,因为上天会庇佑我。谦逊无害、心存仁爱、信仰坚定的人,在行走中必定一路平安。

第4章　和平之旅的回忆

最初走上旅程时，我穿的背心前面写着"和平使者"，背后写着"为和平穿越美国"。几年中，背后的字换了好几次，从"为全球裁军行走10000英里"（约16000公里）到"为和平行走25000英里"（约40000公里），现在是"为和平徒步25000英里"。在旅途中，我不止一次走过美国的48个州，也到过墨西哥，还走遍了加拿大10个省。

1964年秋天，走到美国首都华盛顿之后，我不再计算里程数。我心想：算到25000英里已经足够了。由于地图上只有高速公路标记里程数，我的行走路线不得不选择公路。但在公路上不适合与人们会面，只方便计算里程而已。海边、林间小径、山路，这些我喜欢的地方无法计算里程数。现在，我可以随意前往有人烟的地方了。

有些事情并不像看上去那样困难，比如担心食物不足。其实我很少连着三四餐没有东西吃，除了面对食物的时候，我甚至不怎么去想吃饭的事情。最久的一次是三天没有吃东西，然后大自然为我提供了食物——从树上掉下来的苹果。我曾经在祈祷斋戒中断食45天，所以我知道一个人没有食物可以撑多久！其实我的问题并不是有没有足够的食物，而是如何婉拒太多的食物，大家都想把我喂撑！

不能睡觉会比较麻烦，但我还是可以熬一晚不睡的。曾经每隔一阵子就有一晚没法睡，但已经好久没遇到这种情况了。

越走越平和

上一次还是 1977 年 9 月,在一个卡车休息站里。我本来想睡一会儿,但那里车来车往,我整夜都在和卡车司机们聊天。我一走进休息站,一位曾在电视上见过我的司机就为我买了食物。我在角落的位子上坐了下来。卡车陆续进站,一拨又一拨司机走过来,围着我提问。我与他们聊了个通宵,完全没睡。后来又有人请我吃早餐,吃完我才离开。

还有一次,一位卡车司机在路上看到我,他在路边停下来对我说:"我在电视上听你讲过那种无穷无尽的精力,我自己也曾有过一次那种感觉。当时我被洪水困在一个小镇上,无所事事,就去帮忙救人。我废寝忘食地救人,一点都不觉得累,可惜之后就再也没有产生过那种感觉了。"于是我问:"你现在工作是为了什么呢?"他回答:"赚钱!"我说:"那就难怪了。只有当你在为全体人类的利益工作时,才会产生无穷无尽的精力,所以你不该只为自己那点私利工作。"

这就是秘密所在。在这个世界上,你付出多少,就收获多少。

我一般每天走 40 公里左右,具体里程数取决于路上花多少时间停下来以及和别人交流。我也曾为了赶着赴约或因为没有住宿的地方,一天走了 80 公里。

我在寒冷的夜晚靠行走取暖。天热的时候夜行可以避开暑气,我走在夜色中,四处弥漫着忍冬的香味,满足萤火虫的闪

第 4 章 和平之旅的回忆

光,到处可闻夜莺的啼声。

有一次,一个身高一米八的大个子男人认为他一定比我能走。我们一起走了 50 多公里后,他脚上全是水泡,肌肉酸痛,便放弃了。他是靠自己的力气行走,我却不同,内心安宁为我带来无穷无尽的精力。

另一次,一个女人问我,她能不能和我一起走上和平之旅。她告诉我,她想远离她的丈夫。或许她也受到了召唤,但她的动机并非源于最高的智慧。另一位女士想陪我一起走一天,可是到下午就撑不住了,我只得送她乘公交车回家。

我在路上不曾遇到过什么危险。有一次两个醉汉开车跟着我,但我离开马路后,他们也就走了。只有一次,有人朝我丢东西——一个男人从飞快开过的卡车里丢了一把皱巴巴的钞票给我。我把那些钱捐给了之后去演讲的教堂。

一个大学生曾经问我有没有被坏人抢过。"抢劫?"我回答说,"只有疯子才会打劫我吧,我可是身无分文!"

有一次,我在傍晚时分正要离开城镇,一对住在大房子里的富裕夫妻叫住了我。他们曾经读到过关于我的和平之旅的报道,认为自己作为基督徒有责任提醒我,前面有个叫作"城南"的地区很不安全。他们只是想提醒我别接近那个地方,并没有打算为我提供食宿,于是我继续往前走了几个钟头。

那是个非常黑暗的夜晚,乌云密布,突然就开始下雨,豆大的雨点落了下来，而我身上还带着很多未及回复的信件。我急忙找地方躲雨，恰好看到前面有个加油、餐饮、住宿一体的服务区。我赶紧跑到加油区的屋檐下，把信件挪到背心前面的口袋里，以免湿掉。这时加油站里的人跑出来说："别站在那里淋雨，到餐厅来！"进去以后，又有个人对我说："哦！我们都看过关于你的报道，我们想请你吃晚饭，还需要什么尽管说。"这时候我才意识到自己已经来到了"城南"。

我吃饭时，旅馆里那个人一直坐在桌子对面，还给了我一个房间过夜。第二天早晨，他们也为我提供了早餐。

后面的房子里也许正有人聚赌，总之不算太平。但与那两个提醒我防备他们的人相比，这些人反而更像基督徒。这件事进一步证明了我的观点：每个人都有善良的一面。

我也曾经受到过很特别的招待，比如在亚利桑那州佛罗伦萨市市政府的会议桌上过夜，在唐斯东镇消防车的椅子上过夜。我还曾经被意外反锁在加油站冷冰冰的厕所里长达13个小时，那倒是个安静又隐秘的睡房，只是太冷了点！

无论是在柔软的床铺上还是马路边的草地上，我都一样睡得好。如果有东西吃又有地方睡，那当然很好；如果没有，我也一样快乐。为我提供宿处的人，很多都是完全陌生的人。即使没有地方住的时候，我也可以去公共车站、火车站，以及通宵营业的卡车休息站歇脚。

我记得，曾经前一晚睡在高级汽车旅馆的双人床上，后一

第4章 和平之旅的回忆

晚就睡在加油站的水泥地上。还有几次，好心的警长让我睡在开着门的空囚室里。

找不到宿处的时候，我就睡在田野里或马路边，上天会守护我。

天气不好的时候，可以躲在桥下，废弃的谷仓和空屋的地下室也不错。涵洞和大型管道也可以作为宿处。不过我最喜欢的地方还是在晴朗的夜晚睡在干草堆顶上，让星空成为我的铺盖。

墓园也是个很棒的休憩之处。十分安静，草地总是修剪得很整齐，而且绝对没有人会打扰你。这样并不会冒犯那些已逝的灵魂。我会祝他们安息，他们也能理解。还有公路休息站的野餐桌、附近树丛里的松针堆、结满麦穗的麦田，都很适合休息。

一天早晨，我睡在堪萨斯州的一片麦田里，突然被一阵很响的噪音吵醒。我一抬头就看到庞大的收割机席卷而来。我赶紧向一旁滚了几滚，躲开了旋转的刀片。

在和平之旅的路途中，我始终觉得十分安全，因为上天会庇佑我。谦逊无害、心存仁爱、信仰坚定的人，在行走中必定一路平安。

记得有一年天气渐冷，晚上气温一直降到零下，但白天会稍微暖和一点，气候还算宜人。秋高气爽，地上满是干枯的落叶。我走在树林中，方圆几里之内都没有城镇。当时是周日傍

越走越平和

晚,我看到路边有一份厚厚的周日报纸,大概是有人看完后丢掉的,乱丢垃圾就属于明知不该做却做了的事情。我捡起报纸,离开公路,找到一棵茂密的常青树。树下有一小片凹地,已经堆积了一些被风吹来的落叶。我拢来更多的落叶,把一些报纸铺在凹地上,另一些盖在身上。第二天一早醒来,世间万物都蒙着一层厚厚的白霜,但这棵常青树为我遮挡了寒霜,阻止它掉落在我身上,我躺在这个落叶和报纸铺就的小窝里,舒适而温暖。万一你们晚上被困在野外,这也是个小诀窍。

喜欢度假的人,大多数是因为他们所做的工作并不是受到上天的召唤而选择的,所以才会想要暂时离开工作休息一下。而我完全不觉得需要离开和平之旅去度假。一年中的秋季,我向南走,只要赶在霜降的脚步之前,就可以一路体会收获季节的宁静之美;只要赶在叶落的脚步之前,就可以一路欣赏秋叶的色彩斑斓之美,这多么美妙。与春天一起向北走,也同样美妙,能够在几个月而非短短几周的时间里,一直欣赏灿烂的春花。在美国中部行走,使我拥有了这两种美好的经历。

美国新英格兰地区 1600 公里的路途(从康涅狄格州格林威治到佛蒙特州伯灵顿),我特意选择了一条曲折的路线,再度拜访以前曾经走过的大城小镇。启程时正是苹果花开的季节,我在花树之间行走,从枝头孕育粉红花苞一直走到花瓣如白雪般飘落一地。旅程结束正是苹果成熟的时期,为我提供了美味大餐。一路上我还品尝过香甜的野草莓、黑莓和蓝莓。

第4章 和平之旅的回忆

穿越全美的过程中，我看到很多超高速公路正在施工，也注意到，新的公路大多取道于山谷、穿山隧道，甚至河底隧道。所幸在和平之旅中，我走的仍然是翻山越岭的老公路。对于爬到山顶的人来说，俯瞰的美妙视野就是最大的奖励：有时眺望刚刚走过或即将前往的城镇和公路，有时欣赏山谷里遍野的兰花。我知道如今事事讲效率，这种新的超高速公路效率更高，但我还是希望能保留一些景致优美的公路，比如蜿蜒爬上山顶的道路。

有时人们会问我怎么过节，尤其是圣诞节。我多半是在旅途中度过的，因为很多人会开车去度假，这是与人们接触的大好时机。记得有一年圣诞节，我露天睡在星空之下。有一颗星星分外明亮，令人立刻联想到耶稣诞生时出现的伯利恒之星，也就是圣诞星。第二天白天，气温升到27摄氏度，我步行来到新奥尔良市，圣诞花一品红开得如火如荼。在那里，我又结识了几位善良的新朋友。

还有一年的圣诞节是在得克萨斯州沃斯堡市度过的，我一路走进城市，彩灯勾勒出高楼大厦的轮廓，给我留下了一幅难以忘怀的画面。那天我收到的礼物是：总算有足够的时间好好回信了。

人们问我，在节日里真的不会感到孤独吗？我在生活中始终与上天同在，怎么可能孤独呢？我喜欢也愿意与人相处，但

越走越平和

独自一人时,我也很享受与上天独处的时光。

最初几年,招待我食宿的人多数都是陌生人。我以接受上天赐予的心情,来接受每一样东西。无论是移民劳工从家里拿来的变质面包,还是一位女性朋友请我在华尔道夫酒店主餐厅吃的豪华大餐,我都同样满怀感激。

如果你受到召唤,充满信念,将一生完全奉献给上天,你就会发现,食宿问题很容易解决。你能得到一切,包括物质方面,甚至有时还会获得意外惊喜。

我第一次前往阿拉斯加州和夏威夷州,就是一位朋友送给我的美妙礼物。后来有些朋友希望我能安排集体旅行,于是我在1979年夏天带了一团人去阿拉斯加,1980年夏天又带了一团人去夏威夷。我希望这些旅程对于所有的参加者来说都富有教育和启发意义。我们食宿简单、行李轻便。

在这两个最晚加入美国联邦的州里,我颇为忙碌。除了要带朋友们到处游览,我还做了很多次现场和广播的演讲。有些朋友想知道我在和平之旅中的生活是什么样子的,我想他们也得到了答案。与人们分享心灵上的领悟,是很愉快的。

还发生过这样一件事:当时我正在安排北达科他州和南达科他州的行程,中间要带团去夏威夷,会打断北达科他州的行程。我知道应该在俾斯麦市暂停,而从洛杉矶市一路搭便车回来差不多要一个星期。我心想:"唉,南北达科他州的行程都得

第 4 章 和平之旅的回忆

去掉一周,这两周时间本来可以好好利用的。"就在这时,我收到一封信说,可以为我提供从俾斯麦市往返的飞机票。这简直就像奇迹一样,恰恰是我需要的东西。我不会接受任何不需要的东西,但我确实需要为北达科他州和南达科他州多留出点时间,于是我接受了这份美妙的礼物,并衷心表示了谢意。

所以,即使物质方面,也不会匮乏。

有一次,我告诉一位记者,我所做的不过是与人们谈话,每过一会儿,总有人问我要不要吃点东西。他说,他这么多年来同样也是一直与人们交谈,可是连个三明治也没人请他吃过。我告诉他:"因为你并不是和平使者!"

一个 16 岁的墨西哥男孩,曾经在收音机里听过我讲话,我路过他家门口时,他非常兴奋地跑了出来,邀请我到他家里过夜。他家住在一间破破的佃农临时棚屋里,但他们全家待我如同上宾。晚餐是玉米饼和豆子,饭后这家人把唯一的地毯卷起来,铺在唯一的床上当垫子让我睡。第二天早上我告辞前,他们又请我吃了一顿充满爱心的玉米饼和豆子。

路过孟菲斯时,为了躲避一阵狂风骤雨,我跑到一栋单间小屋的木质门廊下面。屋里住着一家黑人,友善地邀请我住一夜,他们的热情犹如燃烧着木柴的炉子,温暖了简陋的房间。他们与我一起分享仅有的食物,晚餐和早餐都只有玉米面包和清水。我们一块睡在没有地毯的干净地板上。我永远不会忘记他们真心的款待。

越走越平和

一个严寒刺骨的清晨,俄克拉荷马州一位大学生把手套从手上摘下来给我,又把他的围巾围在我的脖子上。那天晚上气温已经降到零下 18 摄氏度,一对印度夫妇为我提供了宿处。

曾经有人警告我别去佐治亚州,尤其别去奥尔巴尼市,那里已经有 14 个为和平而行走的人被拘留了。但我在那里并没有遇到什么真正不客气的人,甚至,那边待客比一般还好些。

我遇到的少数族群,往往理所当然地认为我不会有种族歧视。似乎他们看到我背心上写着"和平使者"的字样,就会信任我了。他们爽快地停下来和我谈话。我在很多少数族群的教堂中演讲过,有的牧师还在聚会上把我的讯息读给大家听。

我对遇到的每一个人都充满了爱心。怎么可能不爱呢?每个人心中都隐藏着上天的火花。我不在意种族、文化背景或肤色,在我看来,人人都散发着耀眼的光芒!我在所有的生物身上都看到了上天的影子。所有人都是我的亲人,在我看来每个人都很美。

世界上每个人都应该设法了解彼此,然后才能认识到,无论我们看起来差异有多大,彼此之间的相同点其实远远多于不同点。每一分子,每一个人,在这世上都同样重要,都有自己的使命。

第 5 章
简单的生活

世人也许会觉得我很穷,身无分文地行走,全部家当都揣在口袋里。但其实我非常富有,拥有金钱买不到的财富——健康、快乐、内心安宁。

第5章　简单的生活

生活简朴是迈向内心安宁的重要一步。坚持这种简单性，就能创造出内在和外在的幸福，生活也就和谐了。就我自己而言，首先是认识到，超出此刻实际需要的财物毫无意义。一旦决定将自己的生活降低到基本需求的层次，我就开始感受到，生活中内在和外在的幸福之间、心灵与物质的幸福之间，产生了一种美妙的和谐。

有些人似乎觉得，像我这种简朴和奉献的生活一定艰苦无趣，那是他们没有发现简单带来的自由。我每时每刻都在为丰富多彩的生活感谢上天。我的生活充实美好，绝不会不堪重负。如果感到不堪重负，说明你所做的事情已经超过了应该做的部分。

我的人生也曾陷入困境，我也曾有过欲望，直至我立誓要生活简单：**不接受超出生活必需的东西，因为世界上还有人尚未实现温饱。**

也许，你们在生活中也拥有太多的东西。如果能够简化你的生活，我敢保证，你也会产生和我一样自由自在的感觉。如果在生活中着眼于付出，你也将得到自己需要的一切。

在我的生活中，我想要的和需要的完全相同。对我来说，超出必需的东西都是累赘。不必给我任何我不需要的东西。我身无分文，然而想要保持这样还真不容易。一些富有的朋友出于好意想馈赠给我一大笔钱，我当然婉言谢绝了。

有人认为，我的一些人生"乐趣"被剥夺了。但那些本来就是我用不到的东西、不感兴趣的事情，根本无所谓失去。我所选择的这种和谐生活，本来就不曾包含它们。我对那些兴味索然。

我可不是舒适方便生活的奴隶，否则我不可能成为和平使者。我们可以任凭错误的信念主宰我们的生活，使我们受到束缚。大多数人并不想要自由，他们宁可焦躁地抱怨，至于要摆脱财产、饮食、烟酒等各种东西的奴役，那是不可能的。他们不是无法摆脱，而是心不够诚。

我们的物质需求或多或少取决于我们所生活的气候环境、健康状况等等。一般来说，我们需要遮风避雨的地方；需要保暖的火、毯子、衣物；需要赖以维生的干净空气、水，以及足够的食物。当然，还有物质之外的需要，这种需求通常与金钱无关，但也不是绝对的。比如，有些人觉得如果不能听音乐、玩乐器，人生就不算完整。虽然我们建议要简化生活，具体怎样简化却因人而异。

大约40年前，我就已经知道，金钱和物质并不能使人快乐。很多事情已经多次印证了这个道理。我遇见过很多百万富翁，他们都同样不快乐。看看身价25亿美元的霍华德·休斯，人们会说他是你能想象到的最可怜的人，始终受到恐惧的折磨！我认识的一个女人继承了450万美元的遗产，这却毁了她的生活。她原本是个乐善好施的人，希望能把钱用到有意义的地方，结果发现，这笔钱对她来说是个负担。如果没有这笔财

第5章 简单的生活

产,恐怕还过得安宁一点。

所以我认为,**如果你拥有的还不够,你不会快乐;但如果拥有的太多,也不会快乐。拥有的东西足够而不过量的人,才是最快乐的人。**

我想起一位女士,多年来一直拼命努力。她工作很辛苦,也经常抱怨。后来我对她说:"你为什么要这么拼命呢?你只要能养活自己就好了。"她说:"哦!我租的房子有五个房间,房租不少。""五个房间?"我说,"但你是一个人住!一居室不就可以住得很舒服了吗?""是啊,"她悲伤地说,"可是我有五个房间的家具呢!"她拼命工作只为了租个合适的房子放那些家具!这种情况比比皆是。我只能说,别让这种事发生在你身上。

我们往往因为热衷于物质,而失去了生命中最可贵的自由。

不必要的财物都是负担。

但凡拥有什么东西,就得为之费神。

再说说另一个女人的故事。她得到了自由,虽然方式不是很理想。我与她偶尔见面,有一次去看她时,正是她的房子被烧掉一个月后。孩子们长大成人后,她和丈夫一直住在那里。一天他们出门时,房子着火了,他们失去了一切,就只剩下身上穿的衣服。虽然照看房子为她带来不小的负担,但想来她对这栋房子的感情应该非常深厚,所以我说了几句安慰的话。不

越走越平和

料她却说:"别安慰我了!要么以后再说,反正现在用不着。想想看,我再也不用收拾阁楼,再也不用整理衣橱,再也不用打扫地下室了!为什么我以前从未感到这么轻松?感觉就好像开始了一段全新的生活!"

后来,她和丈夫住进了一个面积不大的公寓里,我相信他们肯定已经体会到了自由的美妙之处。不过,如果能早点学会放下,把多余的东西送给需要的人,不是更好吗?他们会因付出而受到祝福,对接受的人来说也是福利。但无论如何,这次的事情使他们获得了自由。

有时间的话,我建议你们去野外远足一次。在太阳下走一天,在星空下睡一夜,会受到不少启发。体会一下简单、自然的生活将带来多么美妙的感受。如果你还背了食物、寝具等等,很快你会发现,不必要的财物都是负担。你随即就会明白,对生活的基本需求不过是:寒冷时能够取暖,下雨时有地方躲雨,饥饿时吃到简单的食物,干渴时喝到凉爽的清水。你会找到各种物品的正确定位,明白它们存在的意义就是为人所用,如果已经没有用,就应该放手或转送。你很快就能领略到简单生活带来的极大自由。

1952年5月到10月,我在和平之旅启程之前,去阿巴拉契亚山道走了3200公里,从佐治亚州到缅因州,如果算上中途为了欣赏美景走的几段岔路,还要再加上800公里。

第5章 简单的生活

我完全在户外生活,只带一条长裤、一条短裤、一件衬衫、一件毛衣,还有一条薄毯和两块双层塑料布,有时候可以塞进落叶当床垫。虽然无法保证身上一直干燥温暖,但我甘之如饴。早饭和晚饭我用水泡两杯免煮麦片,加上红糖;午饭泡两杯双倍营养奶粉,加上树林里找到的野莓、干果或野菜。

这次旅途的磨炼,使我为和平之旅做好了万全的准备。相比之下,沿着高速公路行走要容易多了。

能吃到树上成熟的可口水果、刚从田里摘下的鲜脆蔬菜,真是太棒了。如果未来的农业能注意不用有毒的杀虫剂之类的农药,食物就能直接从农场端上餐桌,那该多棒啊。

穿越美国新英格兰山区时,一天早晨,我在灌木丛里采了些带有露水的蓝莓当早餐。想到我的同胞只能吃各种加工调味的食品,我觉得,如果要从世界上所有的食物中挑选早餐,带着露水的蓝莓就是最佳选择了。

春夏时节昼长夜短,日出而作、日落而息的感觉很棒。秋冬时节白昼较短,可以多享受一会儿夜晚时光。我比较愿意相信,太阳会在空气中留下一种物质,日落后会变稀薄,只有在睡眠中才能吸收。从晚上九点睡到早上五点,对我来说是最合适的。

如果能够在赋予生命的阳光下、在清爽新鲜的空气中、在大自然灵性之美的怀抱里工作,将是多么美好。很多人都明白这个道理。我曾经遇到一个年轻人,他的平静生活被和平时期的征兵打断。他离家后,父亲身体很差,无法自己经营农场,只得把农场卖掉。后来他花了好几年时间做自己不感兴趣的工作，只为了凑钱再买一个农场。种植作物为人们提供食物，同时能够维持生计，这是很好的事情。换而言之，在为社会做出积极贡献的同时以此谋生，这样真的很棒。当然，每个人都应该如此，而且在一个健全的社会里，每个人都能够如此。

我会选择最舒适、最实用的衣服。我穿着深蓝色的长裤和一件长袖衬衫，外罩那件有字的背心。背心下摆前后都缝起来做成好几个口袋，装着我所有的财物：一把梳子、一个折叠牙刷、一支圆珠笔、一张地图、几份我的宣传资料，还有信件。

现在你应该明白我为什么回信特别快了，只有这样才不至于把口袋塞得太满。对此我的原则是"斤斤计较"！我贴身穿了一条运动短裤和一件短袖衫，路过河流湖泊时，立即就可以游一场神清气爽的泳。

有一天，在山上清澈的湖泊里游完泳后，我穿上简单的衣物，不由得想到那些有一柜子衣服要收拾的人，那些出门旅行要带很多行李的人。我想不通人们为什么要这样给自己增加负担，我却可以享受美妙的自由。我和我的所有财产都在这里了，想想看我是多么轻松自在！如果要旅行的话，站起身来就可以走了，没有任何东西可以束缚我。

一套衣服就够了，从我 1953 年开始和平之旅后一直如此。我很爱惜东西。我总能找到公厕的水槽或附近的小溪来洗衣服，

第 5 章 简单的生活

晾衣服更容易,只要再穿回身上,让太阳把水分蒸干就行了。

我只用水清洁皮肤。肥皂会除去皮肤表面的天然油分,大部分女人用的化妆品、面霜也是一样。

至于鞋,我只需要一双便宜的蓝色运动鞋,软布面、软橡胶底,再买大一号,方便脚趾自由活动,穿上去的感觉就和光着脚一样舒适!我一般走 2500 公里换一双鞋。袜子也是深蓝色的。我的服饰主要选择深蓝色,因为这是一种很实用的颜色,不显脏,还象征着和平与灵性。

只有物品旧到实在不能用的地步,我才会把它丢掉。有一次,我正准备离开城镇时,那位招待我的女士说:"和平使者,我之前注意到你的鞋子该修补了,我本来想帮你补的,但根据我的缝纫经验,这双鞋恐怕已经没法再补了。"我对她说:"我没什么缝纫经验,不知道这鞋已经补不了了,不过这倒是件好事,我刚才已经自己补好了。"

最初几年的寒冬里,我还会戴上一条蓝围巾,穿上一件蓝毛衣,后来就不这样穿戴了,因为这些并不是真正的必需品。现在我已经很能适应温差,无论冬夏,室内还是户外,我都穿一样的衣服。

我就像候鸟一样,夏天北上,冬天南下。因为如果你想在户外与人们谈话,就得选择气候宜人、大家愿意待在室外的地方。

气温很高、阳光灼热的时候,阴凉的地方最受欢迎。树荫

越走越平和

下尤其凉爽，但除非是一棵很大的树，不然就得时时跟着树影挪动。云飘过太阳下面时，也会带来阴凉。岩石的影子能带来明显的阴凉，堤防在清早和黄昏时的影子也很不错。有时候灌木丛或稻草堆的阴影也可以。人造的物体当然也能带来阴凉，比如房屋，甚至那些破坏景观的标志牌。桥梁也一样，除了遮阳还能避雨。当然，人们也可以戴帽子或撑伞，但我不会这样做。有一次，一位记者问我口袋里有没有随身携带折叠伞，我回答说："我又不会融化。我的皮肤是防水的。这么点不舒服不要紧。"不过我偶尔会用一块纸板挡挡阳光。

天气很热时，总是想喝水，不过我发现，如果一天之内除了水果什么也不吃，走一整天也不会渴。我们的生理需求就是这么简单。

我在野外度过一段美好的时光后，不由得回忆起从前。我走在当年住过的城市街头，那时是下午一点钟，数以百计衣着整洁的人，要么脸色苍白，要么妆容明显，匆忙而有序地出入上班的地方。而我身穿褪色的上衣和破旧的裤子，走在人群之中，软胶底运动鞋走起来安静无声，伴随着那些紧窄的高跟鞋清脆的脚步声。在比较穷的街区还好，在比较富有的地方，会有些吃惊的眼光瞟过来，有的还带着轻蔑。

如果我们愿意日复一日、年复一年地留在那支井然有序的队伍里，你会看到道路两边的橱窗陈列着我们可以购买的商品。

第5章 简单的生活

有的多少有点用处,很多根本就是无用的垃圾。有的号称美观,很多相当难看。陈列的商品琳琅满目,但是,我的朋友,最宝贵的东西不在这里。自由、健康、快乐、内心安宁,全都不在里面。我的朋友啊,想要得到这些东西,你需要逃离那支井然有序的队伍,愿意冒险忍受别人轻蔑的眼神!

世人也许会觉得我很穷,身无分文地行走,全部家当都揣在口袋里。但其实我非常富有,拥有金钱买不到的财富——健康、快乐、内心安宁。

简单的生活

是一种净化的生活,

冷静更多,冲突更少。

这揭示的是何等美妙的真理——

曾经失败的事情终将成功。

原来生活如此美好。

简单纯粹的美好。

第 6 章
解决人生的难题

我们被上天赋予的重担，必然是我们有能力承担的。面临巨大的困难，恰恰说明你有着强大的内心力量，能够解决这么大的难题。无须为此感到沮丧，因为困难会为内心力量的成长带来机会。困境越大，成长的机会也就越大。

第6章　解决人生的难题

人生中遇到的难题，意义在于促使你遵循上天的法则行事。上天的法则要求明确，始终不变，我们可以自由选择是遵从还是违背。如果遵从，能够实现和谐一致；而违背，会让你陷入麻烦。

同样的，如果社会失去和谐，也会出现各种问题。这些问题需要人们共同面对，从而推动整个社会实现和谐。每个个体，不仅能够在解决个人难题的过程中学习成长，更能够在解决社会共同的问题时学习成长。我经常说，我已经不再有个人的烦恼了，可是时不时还是会遇到一些突如其来的小问题。当然都是些微不足道的事，我基本不认为算是真正的难题。事实上，我希望在解决社会共同问题的过程中，能够完全实现自我的学习和成长。

我曾经认为，遇到困难是很讨厌的事。我希望能摆脱这种事情，希望别人来帮我解决。不过那已经是很久以前的想法了。有一天，我终于领悟到困难是有意义的，那是我人生中的一个重要时刻。没错，困难本身有着奇妙的意义。

有些人希望一生平顺，不要遇到难题，但我并不希望任何人拥有这种生活。我希望你们每个人都拥有强大的内心力量，能够解决有意义的问题，进而成长。解决问题是一段学习和成长的经历。毫无困难的人生是空洞的，让人缺乏心灵成长的机会。

我曾经见过一位女士，她真的不曾遇到过任何困难。当时我在纽约做一个夜间广播节目，她打来听众电话，请我去她家做客。我本来打算晚上在公交车站过夜的,于是便答应了。她派司机来接我,我走进百万富翁的家里,和这位中年女性聊了一会儿,却发现她像个小孩子一样不成熟,不由得感到纳闷。后来我才发现,这是因为有一大群雇员和律师为她遮风挡雨,解决问题。她从未经历过挫折,从未面对过任何促人成长的困难,从而也就没有机会成长。困难下面埋藏的是福报!

如果我替别人解决所有的问题,他们就会停滞不前,永远无法成长。这对他们来说很不公平。我的办法是着重于治本而非治标。帮助他人时,我会为他们灌输靠自己解决问题的理念。授人以鱼,不如授人以渔。

只有正确地解决问题,才能实现心灵的成长。我们被上天赋予的重担,必然是我们有能力承担的。面临巨大的困难,恰恰说明你有着强大的内心力量,能够解决这么大的难题。无须为此感到沮丧,因为困难会为内心力量的成长带来机会。困境越大,成长的机会也就越大。

物质方面的困难往往提醒我们,应该更注重心灵而非物质。身体方面的问题,有时候只是为了表明,我们的身体不过是外在的皮囊,驱动身体的不灭灵魂才是最根本的存在。如果我们能够这样想:"感谢上天让我们面对这些困难,从而实现心灵的成长",那么困难就不再是困难,反而变成了机会。

让我来讲个小故事。一位女士身体有问题,她的背一直很痛,我总是看到她不断调整靠垫的位置,以减轻痛感。她感到

第 6 章 解决人生的难题

苦不堪言。我告诉她,人生中遇到的问题都有着奇妙的意义,希望能够启发她想一想上天,而非一直想着自己的问题。我的目的在一定程度上实现了,因为有一天晚上,她躺在床上时想到了上天。

"上天保佑如尘土般渺小的我,他让我面对适当的难题从而成长,这一点是多么重要。"她开始想,然后她对上天说:"哦,亲爱的上天,谢谢您,正是因为这病痛,我才能成长,才能与您更加接近。"随即,背痛消失了。也许这就是所谓的"凡事皆感恩"。也许我们在祈祷中应该更多地以感恩的想法来面对困难。

祈祷,就是把正面思想集中起来。

很多常见的困难是错误的想法引起的。人们把自己视为宇宙的中心,从自己的角度评判他人。这样做不可能使你感到快乐。只有以正确的观点看待一切事物,才能体会到快乐:所有人在上天眼中都同样重要,在上天的安排中各有各的位置。

让我来举个例子,一位女士经历了曲折的过程才找到自己的天赋使命。她40出头,单身,自己工作养活自己。但她非常讨厌那份工作,甚至因此而生病。最初,她去看心理医生,医生说她需要针对工作进行心理调适。经过一段时间的心理调适后,她回去上班,可仍然痛恨自己的工作。她再次病倒,随后前来找我。我问她,她的天赋使命是什么,她说:"我没什么使命。"

越走越平和

其实并非如此。她只是不知道自己的使命是什么。于是我问她喜欢做什么,因为如果一件事是你的天赋使命,做起来会像我的和平之旅一样轻松愉快。我发现她喜欢做的事情有三件:她喜欢弹钢琴,但还不够以此谋生;她喜欢游泳,但还不足以当教练;此外,她还喜欢鲜花。

于是我帮她找了一份花店的工作,这样,她就可以与鲜花相伴同时以此谋生。她很爱这份工作,说即使不付薪水都愿意做。另两项爱好也起到了一定作用。要知道,人需要的不仅仅是谋生。她时常去游泳作为锻炼,这很符合她理智的生活习惯。弹钢琴成为她为别人做出贡献的方式,她到一家养老院去,为那里的老人弹一些老歌。她带着大家唱歌,发现自己很擅长做这些。这三件事构成了一种幸福的生活,仿佛为这位女士量身打造。她变得极具魅力,过了一年左右就结婚了。她一直保持着这种最适合自己的生活模式。

我认识的另一位女士,卧病在床很长一段时间。我去看她时,立即就从她脸上的皱纹和紧绷的神色看出,问题并不是出在身体上。有点意外的是,谈了还不到 5 分钟,她就开始告诉我,她姐姐对她多么糟糕。从她讲话的方式中,我可以看出,这些事她已经反复讲了很多遍,对姐姐的不满始终萦绕在她心里。我告诉她,如果她能和姐姐相互原谅、和平相处,她的健康状况就会好转。"哼!"她说,"那我还不如死掉算了!你不

第6章 解决人生的难题

知道她有多坏。"这样的状况又持续了一段日子。

但有一天黎明时分,这位女士给她的姐姐写了一封生动优美的信,拿给我看。(顺便一提,黎明是一段非常美妙的时刻。当然傍晚也很好,只是有一点不同:大多数人在傍晚是醒着的,匆匆忙忙熙来攘往;而黎明时分人们多半身心迟缓,或者还处于睡梦之中,安详和谐得多。所以,黎明是一段适合心灵的美好时刻。)我马上到城里去帮她把信寄出,免得她改变主意。当我回来时,她已经在后悔了,幸好我尽快把信寄了!她有点焦虑,但随即她姐姐的回信到了,姐姐非常高兴她们俩能和好。你知道吗?收到姐姐回信的当天,她就能起身并下床走动了。我告辞的时候,她为了姐妹和好感到十分快乐。

老话说得没错,憎恨只会伤害自己而非对方。

有的人,挑选终身伴侣所花费的时间,还没有挑选汽车花的时间多。他们随波逐流走进婚姻的围城。

除非像我受到和平之旅的召唤一样,受到了婚姻生活的召唤,否则不要结婚,不然只会发生悲剧。我记得有一位女士,她和丈夫完全合不来,我觉得他们两人没有任何共同点。后来我忍不住问她:"当初你究竟为什么要嫁给他?"她回答说:"那时候我的朋友们都结婚了,他是我当时能找到的最佳人选。"这种事情经常发生。你有没有想过为什么会有那么多人离婚?往往是因为,人们并不是因为受到召唤才走进婚姻生活的。

强烈的情感依恋也会成为麻烦事。在我帮助的人当中，经常出现的问题就是需要割断情丝。有个 16 岁的女孩就是那样。不过现在，她很可能已经幸福地嫁给了另外的人。我总是说，时间能治愈所有的伤痛，但那时候她觉得自己的心都要碎了，因为她的男朋友和别人结婚了。她好不容易才熬过那段时间，过了一段日子，她已经能够理智地看待那一切。这需要时间。事实上，有时候爱人去世后，人们恢复的速度要比爱人变心时更快。

应对担忧的习惯

活在当下！昨天不过是一场旧梦，而明天只是一个幻影，但好好把握今天，却能使每一个昨天都成为快乐的美梦，每一个明天都成为希望的憧憬。**不要再为过去痛苦，为将来担忧。活在当下，好好把握今天。**

担忧是一种习惯，我们可以想办法应对。我称之为抛弃担忧的习惯。有些技巧值得借鉴。我与一些经常去教堂的人聊过，发现他们也会感到担忧，这完全是浪费时间和精力。如果你能带着信仰祈祷，就会立即自然而然地把担忧的事情交给上天，托付到上天最可信赖的手中。这就是最棒的技巧。起初，你可能需要反复练习好多次才能养成这种习惯（我也经历了这样的过程），始终尽自己所能，然后把余下的托付到上天手中。

你所担忧的,有多少是此时此刻的事情?此时此刻一般不存在什么问题。如果你感到担忧,要么是为了早该淡忘的过去而痛苦,要么是为了尚未到来的将来而烦恼。我们往往忽略了现在,然而对任何人来说,现在才是上天赋予生活的唯一时刻。如果你无法活在当下,等于从未真正生活过。如果你能够活在当下,就不会产生担忧的感受。对我来说,每一刻都是全新的美妙机会,去奉献我的人生。

应对愤怒的习惯

还有另外几种不好的习惯,其中之一就是愤怒。愤怒会产生极大的负面能量。不能压抑怒火,这样会伤害到自己;但也不要发泄出来,否则不仅会伤害自己,还会使周围的人们情绪波动。**我们应该把怒火转化到积极的方面,比如把这股巨大的能量用于需要完成的工作或者有益的锻炼上。**

举几个实例来说明就很容易懂了。例如有位女士感到愤怒时会把家里的窗户全部擦一遍;另一位女士则用吸尘器清扫房子,不管脏不脏;还有一位会去烤面包,很不错的全麦面包;也有人会坐下来弹钢琴,最初是激昂的进行曲,然后逐渐冷静下来了,就弹奏柔和的赞美诗或催眠曲。这时候我就知道她已经没事了。

有一位男士会把手动剪草机找出来,修剪家里的大草坪。

越走越平和

要知道,手动剪草机可没有马达,你们也许都没见过这种东西!当时我正住在他的邻居家。有一天,他跑来借邻居的电动剪草机,我问他时,他说:"哦,要不是怒火中烧,我可没力气用手动剪草机把那么一大片草地修剪完。"你看,愤怒真的拥有巨大的能量。

一位先生靠着转化怒火挽回了婚姻。他脾气太坏了,以至于他年轻的妻子打算带着两个孩子离开他。他想:"我真的要改改了!"然后把决心付诸实施。每次当他觉得怒火快要爆发时,他不再像以前那样在家里乱扔东西,而是改为出去跑步。他绕着街区一圈又一圈地跑,直跑到上气不接下气,怒火也就不见了。这种方法真的有效,他以此挽回了自己的婚姻。几年之后我又见到他,问他:"你还在跑步吗?"他说:"哦,偶尔为了锻炼跑跑。不过我已经好几年没乱发脾气了。"把怒火用在积极的方面,就能改掉发怒的习惯。

这种方法对小孩子来说也很有效。记得以前我帮助过一个10岁男孩的妈妈,她完全不知道该拿儿子怎么办,他的脾气太坏了。有一次,我在他没发作时问他:"你觉得做什么最累?"他说:"大概是跑上屋后的小山!"于是我们找到了一种很棒的办法。每次他妈妈看到他快要发脾气时,就把他推出门说:"去,跑到山上。"这非常有效。后来有一位老师也遇到了类似的问题,我也建议她让那个小男孩绕着教学楼跑,效果一样很好。

第6章 解决人生的难题

现在，让我来讲讲一对夫妻的故事。他们两人如果同时发火，就出门绕着街区步行，两个人朝着相反的方向走，隔一阵就会碰头。等到两人碰面时能够平心静气，就一起走回家，讨论愤怒的原因是什么，以后该怎么做才能补救。这是一种非常明智的做法。不要和正处于愤怒中的人讲话，因为人在生气的时候是不理智的。

还有一位年轻的母亲，有三个学龄前的孩子，她说："我生气的时候，想要出去跑步发泄，可是不行，我不能把三个小孩丢在家里，导致我往往把气出在他们身上。"我对她说："有没有试过原地跑步？"我几乎能看到她原地跑步的样子。后来她写信给我说："和平使者，这个法子真棒，不仅消除了我的愤怒，还把孩子们逗得很开心。"

应对恐惧的习惯

恐惧也是一种习惯，往往是逐渐培养出来的，而且难以消除。

如今，我心中没有一丝恐惧，上天与我同在。但我有个朋友害怕某个种族的人，而她的丈夫工作调动到另一个地区后，她发现自己要住在这个种族的人中间。我想帮助她克服这种心理障碍。她是个音乐家，因此我让她先从熟悉这些人的音乐开始。我找了当地一位女士，她的两个孩子年纪与我朋友的孩子差不多，我们一起去拜访她。两个小男孩马上玩到了一起，两

越走越平和

个小女孩也玩到了一起,大人们也渐渐熟悉起来。当然,我们很快就成为朋友。我记得他们两家甚至会去对方教派的教堂,真是令人感动。一个礼拜天一起去这家教堂,下个礼拜天再一起去那家教堂。有意思的是,逐渐了解彼此之后,他们发现大家的共同点要比不同点多得多。通过相互了解,他们彼此相亲相爱。

我认识一位在大学担任英语教授的女士,每次只要听到远方有一丁点隐约的雷声,她就会变得歇斯底里。童年时,一遇到雷雨天气,她妈妈就会跑到床底下躲起来,当然,孩子们也会和她一起爬到床下。这就是一个典型的例子,这位女士从她母亲那里学到了对雷雨的恐惧。孩子们就是这样学会恐惧的。

几乎所有的恐惧,都是对于未知的恐惧。那么,应该采取怎样的办法解决呢?应该去**了解和熟悉你感到恐惧的事情**。我们首先必须充分认识雷电,了解所有的安全措施,才能消除对雷电的恐惧,这样做切实有效。

还有另一个关于恐惧的故事。我知道有的女性害怕老鼠,也听说有些人害怕狗,但这位女士害怕的是猫,而且不是野猫,就是一般家养的猫。可是她的邻居就养了几只猫,她的朋友们也都养了猫。每次遇到猫,她都会尖叫、奔跑、歇斯底里。她告诉我,她觉得每只猫都想跳起来咬断她的喉咙。心理学家大概会说:"她在婴儿时期被一只猫吓到过,那件事她长大以后仿佛已经忘了,但其实仍然存在于她的潜意识里。"也许这种说法

第6章 解决人生的难题

没错,但这并不是关键所在。我告诉她:"如果你想改变自己对猫的恐惧,必须和一只猫熟悉起来。"她马上回答:"哦,不要!"我问:"你会害怕小猫吗?"她说:"如果是很小很小的就不会。"于是我借来一只可爱的小猫咪,对方说暂借或收养都可以。我把小猫带给她,问:"你会害怕这只吗?""哦!这只小东西我不怕。""好,现在你必须和它熟悉起来,你要喂养它,和它一起玩。"至于故事的结果,想必你们也猜到了。小猫慢慢长成了大猫,她也已经舍不得离开它了。

有些恐惧源于之前的生活经历。上一个例子可能就属于这类,解决办法也是一样的,你需要对自己恐惧的事物熟悉起来。

但在某些情况下,解决办法会稍微有点区别。让我来举个循序渐进的例子。有一位女士害怕睡在小房间里,她可以进入小房间,但不敢睡在里面。她的这种恐惧也是源于以前的生活经历。她来到我做辅导工作的地方寻求帮助。我们先在图书室(一个很大的房间)一角为她放了一张折叠床,可她不敢一个人睡在那里,于是我在旁边又放了一张床,陪她一起睡。等到她敢于独自一人睡在图书室后,我们把折叠床移到了小一点的餐厅里。我仍然陪她一起度过第一夜,慢慢的她可以一个人睡了。然后我们再换到最大的卧室里,这样循序渐进,直到她终于能够一个人睡在小卧室里。

你并非一定要使用这种循序渐进的方法。我们选择这种方法,只是因为有几种恐惧使用循序渐进的方法比较有效。这方面的另一个例子是恐高症,也许同样和以前的经历有关。要知道,有些人虽然年轻力壮,但是照样怕高。

对于具有恐高症的人,我的做法是,先带他们来到能够承受的、但不能更高的极限高度。我会陪他们一起停留一会儿,再让他们单独留在那里,做些可以占据他们注意力的事,比如看看书之类的。第二天我们来到这个高度后,再往上走一点点。这样循序渐进,他们最终会抵达最高点,而且已经习惯了高度,不会再有任何恐惧。

曾经有人问我,是否保持一定的畏惧之心才是健康的。我认为,任何恐惧都不健康,除非你指的是过马路之前心怀谨慎、注意左右看看的情况。我相信,人们应该尽量为自己的安全着想,我自己过马路之前总是会小心观察。但我认为这并不属于恐惧,应该称之为警觉。比如说,如果一块光滑的岩石上散落着很多小卵石,踩到就容易摔跤,我一定会小心谨慎地避免摔倒。我并不害怕,只是警惕。

处于上天的庇护之下

最近,我带着一团人游览夏威夷的四个岛屿,这是一次教育与启发的旅程。有个警察警告我们不要在海滩上过夜,好像海滩上曾经发生过一起谋杀案。这些美丽的岛屿上竟然存在着如此多的恐惧,我对此非常关心,但毫不畏惧。团里一位成员

第6章 解决人生的难题

也提醒我，海滩上很危险。我告诉她："我们所有人，都处于我的守护天使的保护之下。"我们在海滩上不曾发生一丁点意外。

一天晚上，我想我们也许是海滩上唯一一群盎格鲁白种人。但其他人都很和善，还有几个人跑来说："几年前我在电视上见过你。"那大概是五年以前了，我第一次来夏威夷的时候。甚至还有人请我签名！所以我觉得，我们不必太过担忧，担忧只会招来麻烦，没有一点好处，所谓"怕什么就会来什么"。我感到自己在海滩上是绝对安全的，我的全团人也都会处于保护之下，事实也证明了确实如此。

保持适度警觉是没错的，就像过马路之前先左右看看，但这不同于很多人那种无谓的恐惧。想想看，比如说如果害怕在海滩上过夜，那你肯定也会害怕每天在自己家里睡觉，因为有很多人在家里被杀。你也会害怕在旅馆房间里睡觉，因为同样有不少人在旅馆里丧命。这只会导致惶惶不可终日的可笑行为。

我感觉自己是处于庇护之下的。如果在海滩上，我预感到不安全，肯定会带大家离开的。但我能够感受到毋庸置疑的保护，没有一丁点忧惧。我知道，我们留在海滩上是绝对安全的。

世界上有很多事情，我们还无法完全理解，知其然不知其所以然。例如，我有好几次神奇地避开了可能伤害我的事物。有一次我走在林荫小径上，路很窄，头顶树荫交错。我根本看

越走越平和

不清前面,只能凭着以前走过的印象,再加上路尽头隐约的光线摸索前进。我本来走得很快,突然有什么东西,只能形容为一股强大的力量,一种强大到可以阻止我的力量,让我停下了脚步。然后我谨慎地观察前方,才注意到有带着倒刺的铁丝网拦在小径中间。原来有人在小径末端修牛栏,所以把铁丝网放在路中间防止牛跑掉。如果我没有被那股力量阻止的话,就会撞上倒刺。在我们没有意识到的时候,我们已经受到了很多庇护。

在这类事件中,最传奇的一次是在我开车时发生的。现在我已经放弃驾照了,不过以前开车的时候,我算是个好司机,总能把汽车控制得稳稳当当。那次我开着别人的车,驶过一条还没修好的马路。下坡路的尽头是个有红绿灯的丁字路口,三个方向的车都川流不息。我看到前面是红灯,自然而然地去踩刹车板,可是刹车竟然失灵了!我情急之下去抓紧急制动手刹,但这辆车没这个功能!我马上想到换倒车挡也可以停住,尽管这样汽车会完蛋,可是我怎么努力也挂不上倒车挡。我看到前面是一辆家庭房车,两个小孩正看着后车窗外面。我一定得把车停下来!我不能左转,那边有一堵石墙,还有很多汽车飞速驶来。右边除了石墙还有一道沟。毫无选择之下我只能想:"向沟那边开,侧面擦过石墙。汽车会完全毁掉,不过能停下来。"我竟然办不到。这是我一生里唯一一次无法控制汽车。汽车自己向左转,从两辆车中间穿过,冲上一条上坡的小土路,然后

第6章 解决人生的难题

停了下来。我根本不知道那边有条土路,之前也不可能看得到。

你们看,我遇到过多么不可思议的事情。我想你也能理解,我为什么会觉得自己绝对是处于庇护之下的。这种庇护还会泽及我身边的任何群体。

第 7 章
灵性人生

你所做的每件善事,你所说的每句好话,你所想的每个善念,都会不断地传递出去,永不止息。邪恶被善良战胜后,就不复存在,而善良会永远存在。

第 7 章 灵性人生

刚开始和平之旅时，我不仅要与人们接触，也要作为一名祈祷者，全心全意为和平而祈祷。不过那时候，我还做不到一刻不停地祈祷，还曾为此连续 45 天祈祷与断食。

几年后，我学会了一刻不停地祈祷，这种祈祷的修行就没有必要了。我能够完完全全地与上天彼此接触，我把自己在这世上关心的人或事放入祈祷的意念中，其余只需自然而然。

偶尔，祈祷之后有些事情又会重现，那我就需要进一步在这上面集中心念。如果有人处于危难之中，就会不断回到我的意念里，有时候我会使用观想的祈祷，这种方式我自然而然就能做到，但我知道不是每个人都可以。我会让自己的神圣本性主动接触他们的神圣本性。然后我会有一种感觉，仿佛把他们举起来，举得越来越高，我感觉仿佛把上天的光芒引向他们。我试着观想他们沐浴在上天的光芒中，最后，我真的能看到他们站在那里，伸出手臂，沐浴在金光中。

所有我遇到的人——虽然有些人仍然被以自我为中心的本性所掌控，完全没有意识到他们的潜力——但我都可以看到，他们的灵性在闪耀，这才是我关注的部分。对于我来说，所有的人都是美好的，他们在我眼中如光芒般耀眼。对于在这世上与我同行的美好人类，我始终心怀感恩。

所以，我的祈祷中有一部分是感恩，当然也包含对所有上天的子民和天地万物真诚的爱。**祈祷，是把积极的思想集中起**

来。这就是我的祈祷。

祈祷的方式

你可以每天观想上天的光芒，把这光芒带给需要帮助的人。你必须让自己的神圣本性主动接触他人的神圣本性。世界的光芒存在于你心中，必须与全世界同享。

观想一道金光存在于你心中，向外扩散开来。首先照向你身边的人——你的亲朋好友——而后逐渐扩散到全世界。始终观想着上天的金光笼罩我们的地球。

如果你遇到难题，就在祈祷中告诉上天，观想难题已经交到了上天手中，留给了那双最可靠的手。然后你就可以把注意力转到别的地方。

当然，祈祷的方式不止这一种，不过我发现，对于遇到很大麻烦的人来说，这种观想的祈祷非常有用。我曾听到反馈说有实际效果，所以时而会使用这种方法。

感恩的祈祷也是一种持续不断的祈祷，我始终感恩。我感谢世界如此美好，感谢自己精力无穷，感谢接触到宇宙的能量，感谢接触到宇宙的真理。我始终心怀感恩，这也是一种祈祷。

第7章 灵性人生

最初，也许对你来说，在特定的时间，乃至以特定的方式祈祷，有着特殊的意义。我对此非常理解。

有好几次，人们写信给我说："和平使者，能不能请你在下午四点或晚上九点，和我一起祷告？"也许还特地指明是夏时制。我回信告诉他们："你不需要为我把时间算得那么精确。在任何时候祈祷，你都是在和我一起祷告，我会与你同在，因为我的祈祷不曾中断。"

一刻不断地祈祷并不是仪式化的，甚至也不需诉诸言语。这意味着始终认识到自己与上天融为一体的状态，意味着真心求善，意味着专注于自己追求的目标，并深信能够实现。一切正当的祈祷都会产生正面效果，但如果你能把整个身心都投入祈祷中，力量会成倍增加。没有人知道祈祷的力量能大到什么程度。当然，祈祷和行动之间也有所关联。以接纳的心态祈祷，内心就会有所收获，从而促进正确的行动。

让我来讲一个祈祷获得回应的故事。一天夜里，我独自一人走在人烟稀少的高速公路上，被一位年轻的警察带走。我相信他是出于善意的保护。他对我说："怎么回事？晚上这个时间，没有人会独自走在高速公路上。"

我说："嗯，你看，我行走时心里没有一丝恐惧，所以也不会招来不好的事情。俗话说'怕什么就来什么'，但我没什么好怕的，心里只想着好的事情。"

越走越平和

虽然如此，他还是把我带走了，把我关进了拘留室。那个隔间里，地上满是旧报纸和香烟头，还有一堆破烂。铺位只有地上的一张单人床垫和四条破毯子。两个女人正打算一起睡在那张单人床垫上。她们告诉我，这个隔间前一天晚上挤了八个人，也只有这些东西。不过，被扣押的人们之间气氛还挺友好的。她们说："你要用两条毯子，因为你得睡在地上。"于是我拿了张报纸把地上清理出一块地方，铺上一条毯子，睡觉时盖上另一条，睡得还算舒服。

这不是我第一次睡在水泥地上，也不会是最后一次。只要放松，你可以在任何地方睡着。第二天早上醒来，我看到一个男人正隔着铁栅往里面看。我问他："法庭什么时候传唤？"他说："我不知道。"我问："哦，你不是警察吗？""不是，我只是喜欢来看看这些女孩。"这是城里流行的一种活动，任何人都可以从街上跑进来，看看今天关了谁。他们说着："咱们去看那些女孩吧！"

其中一个中年女人因醉酒和妨碍治安被拘留，她告诉我这是她第七次被捕，所以感觉没什么大不了的。但另一个女孩才18岁，她觉得自己的整个生活都会因为这次经历而毁掉。我说："这是我第二次进来，但我肯定不会觉得自己这辈子都毁了。"我想办法让她振奋精神，我们一起讨论她出去后要做什么。她在当天或第二天应该就能出去。

然后警卫换班了。我第一次见到女警卫。新来的警卫一看

第 7 章　灵性人生

到我就说:"你怎么在这里?我在报纸上看过你的照片,在收音机里听过你讲话。"于是他们把我放出来了。

但在我离开之前,我向在附近打扫卫生的清洁工借了一把扫帚,交给那两个女孩,让她们可以打扫一下隔间。我又给了她们一把梳子,她们已经在这里待了一周左右,连把梳子也没有,头发都打结了。

我想要说的是,那个 18 岁的女孩是个非常虔诚的教徒,她拼命祈求帮助。我相信,那天晚上我在高速公路上被拦下来,关进牢房,就是上天在回应她的祈求。

祈祷最重要的是我们的感受,而非我们说出的祷词。我们花了很多时间,告诉上天我们想要什么,却很少费工夫聆听,上天指引我们应该去做些什么。

上天的法则对于我们所有人来说都一样,除此之外,上天对每个人的灵魂都有着独特的指引。如果你不清楚上天对你的生活有何指引,不妨试着以接纳的心态在沉静中探索。我曾经在大自然的美景中,保持接纳之心安静地行走,神奇的领悟往往自然而然地浮现出来,随后我便将其应用在日常生活中。

你也许更喜欢欣赏激昂悦耳的音乐,或者读些优美的文章,深入思考。对我来说,始终是大自然的美最能带来心灵的启发,因此那就是我与上天独处的时间。这个时间不会超过一个小时,而我能够从中获益匪浅。

现在年轻人会和我谈到呼吸吐纳、冥想技巧之类的。在有些文化里，这些完全属于宗教活动，但我要说，看看我与上天独处时的收获：四周美景为我带来心灵的启发；在沉静中保持接纳的心态，相当于冥想；步行不仅是锻炼，也相当于呼吸吐纳，同时实现四种功能！我相信，这样能够更充分地利用时间。当你同时做四件事情的时候，不能太心急。

有时候，不明智的人会使用太过急切的呼吸吐纳或冥想技巧，反倒误入歧途，使自己崩溃，无法进入追求灵性的状态（没错，这种情况早在迷幻药问世之前就已出现）。我总是以花苞为例，如果给予合适的条件，花苞会绽放美丽的花朵；但如果你缺乏耐心，想要直接把花瓣掰开，最终只会伤害这朵花。这朵花好比人类的生命，给予它适当的心灵成长条件，它就会绽放出美好的结果。

如果你感觉需要振奋精神，可以试试早睡早起，在黎明时分享受一段安宁的时刻。然后把这份安宁和谐的感觉带入你的一天，无论这一天要做些什么。

对于追求灵性生活的人，我建议每天进行以下四项练习：首先，每天留出一段时间，以接纳的心态在沉静中独处；其次，生气时，或者因为任何负面情绪而苦恼时，花点时间与上天独处（不要和生气的人谈话，他们缺乏理性，无法晓之以理。不管是自己还是别人生气，最好离开去祈祷）；再次，每天观想上天的光芒，再把这光芒传递给需要帮助的人；最后，锻炼身体，因为身体是灵魂的居所。

第7章 灵性人生

断食

有人问到我以前连续45天祈祷与断食的事情。我把这视为祈祷的修行，使自己能够专注于为和平而祈祷。那是和平之旅开始后的第二年，我穿越美国后正在慢慢往回走，每天走得不算很远。

断食对于心灵有着重要意义，当时我还没有找到内心的和平安宁，也许正是断食帮助我学会一刻不断地祈祷。

断食期间，我住在一位脊椎按摩治疗师家里，他使用断食作为康复的方法。不过他还从来没让健康的人试过断食，也很想看看健康的人会有怎样的反应。我们像朋友一样交谈，他会从旁观察我，但没有给我做检查。（我的朋友中有很多医生，他们从来不需要为我治疗，甚至做检查。只是偶尔需要一位牙医朋友帮我补补蛀牙，那都是因为我年轻的时候饮食习惯不好。）我在断食前最后一顿吃的是一个葡萄柚和两个橘子，所以不会口渴。最初三天，我完全不吃东西也不喝水，之后只喝室温的蒸馏水。除此之外什么也不会进食。我结束断食的方法也没什么特别，就是一般复食的方法：第一天每小时喝用一个橘子榨出的新鲜果汁；第二天每两个小时轮流喝用两个橘子榨出的果汁或者用一个葡萄柚榨出的果汁；第三天喝三次用两个橘子、一个葡萄柚榨出的果汁，之后便每天加一点量，一周之内我就可以恢复正常饮食了。

这与一般的断食模式没有什么区别。我也会遵守断食原则，不去过度消耗体力。我不会再走太长的路，不过还是稍微走一点。我会帮医生打字，直到大约断食一个月后，医生把打字机搬走了，他认为我不应该再做这些事了。于是我改为手抄，这可比打字更累，但我还是想尽量帮忙做点事。

我希望经常去他诊所里和病人们聊天，但医生要我减少这样做的频率，因为他不希望我走动太多。但我仍然偶尔会去看望病人，帮助他们振奋精神。

断食期间，有一次我在半睡半醒之际向上看去，上空有个阴沉的十字架。它就那样悬在半空中，我意识到，必须有人承担起这个责任。于是我伸出手接受这一重担，却立即升到了十字架上面，那里尽是一片光明美好。原来真正需要的，是承担责任的意愿，随后我就能超脱于其上。我得到的不是艰苦，而是一种安宁愉悦的美妙感受。

治愈

为别人祈祷时要切记，应该为了消除根本原因而祈祷，而非仅仅为了减轻症状。下面是一段简单的祈祷文：

"让生活与神圣的目标和谐一致……与上天的意愿和谐一致。愿与你相遇的人都能得到心灵的提升，祝福你的人都能得到上天的祝福，帮助你的人都能获得最大的满足，想要伤害你

第7章　灵性人生

的人能够理解你心存上天,从而获得痊愈。"

有些人太过热衷于精神治疗,但他们只是消除了症状,却没有消除病因。如果你想要的只是表面现象,就会只看到表面现象,而无法触及上天。假设我是一位精神治疗师,就住在你家隔壁,你此生注定要面对某些身体上的病痛,除非能够消除病因。可是,每次症状刚一出现,我就会帮你消除症状,然后再次出现,再次消除,我只是不断地为你去除症状。

如果你能够走入生活中灵性的阶段,不仅不会感激我为你消除症状,反而会说:"那个人只会带来麻烦!我希望能够解决这个问题,但她只是一味地消除表面症状,这样我反而永远也解决不了问题!"

这就是我所说的,有些人只要把症状消除就满意了。如果在生活中遇到这类人,症状不仅会反复重现,甚至会带到下一世去。但大多数治疗师并不了解这一点,反而很高兴能够帮助人们消除症状。

我承认,很久以前,我还没能真正了解自己所做的事情,帮助遇到问题的人们时,我会把手放在他们的后颈和前额上。现在我肯定不会这样做了。我已经意识到,这样做除了带来安慰毫无意义。现在,我会把问题放在祈祷的意识中,放在最可靠的那双手中——上天的手中,然后就可以把注意力转向其他地方。

越走越平和

意念的力量

你是被以自我为中心的本性所驱役，还是让神圣的本性作为人生的指引？你可知道，生活中的每一刻都是由自己的意念创造？你不仅创造出自己内在的心境，也与他人共同创造出周围的外界环境。

《圣经》里面写道："他心如何思量，他为人就如何。"这句话很清楚地说明，我们会创造出周围的外在环境。如果我们可以更加深入地探索人生，就会明白，身体问题是心灵问题的反映，消极的意念和感受，要比病菌危害更大。

如果你能认识到意念的力量有多么强大，就不会再产生负面或消极的想法。既然我们会通过意念创造内外环境，就应该将意念尽可能集中在积极的想法上。如果你觉得自己做不到，就会真的做不到。但如果你认为自己能做到，也许会惊喜地发现自己确实做得到。重要的是，我们应该始终把意念集中在当前状况下的最佳可能上，促使事情朝我们希望的方向发展。

我曾经遇到过一些热衷于"新纪元运动"的人，他们听说了一些关于灾难的预言后，就会把注意力集中在那上面。这太糟糕了！为什么要这样做呢？我们按照自己的意愿创造出生活中的每时每刻，我们的意愿也同样会影响到外在环境的塑造。

你所听到的任何有关灾难的预言，都有其原因。因为你把积极意念的全部力量都转向了相反的方向。

第7章 灵性人生

例如,曾经出现大量谣言,说半个加利福尼亚州都会因为大地震沉入海里,于是我特意前往那个地区,结果连最轻微的地震也没有,可我反而没能和我的朋友们见上面,因为他们都跑到美国东海岸去了,觉得那边安全。

记得有个说法:预言不会成真。为什么呢?因为人们能够预测的只是事物发展的趋势,你永远无法确定结果会怎样。我们随时能够改变预测的方向,只要同心协力,就可以走向积极的方向。

你所做的每件善事,你所说的每句好话,你所想的每个善念,都会不断地传递出去,永不止息。邪恶被善良战胜后,就不复存在,而善良会永远存在。

专注于让自己的思想、生活和行动,与上天的法则和谐一致,并进一步鼓励别人也这样做。

每次遇到别人,都说一些鼓舞的话语——温暖的言辞、有用的建议,表达出赞美。不要觉得正面的努力会徒劳无益。一切积极的努力都会开花结果,无论我们能否亲眼看到。

我们要成为宏伟的交响乐里一段优美的旋律,而非变调的音符。对于这个生病的世界,唯一有效的药物就是爱。我们必须用爱来代替恨,用信念来代替恐惧,让爱在这世上传播开来。

有一首歌的歌词是:*爱如河水般流淌,来自你我心中。流入茫茫荒漠,解救所有被禁锢的人。*

没错,被禁锢的人,就是那些还没有认识到真正自我的人,那些没有意识到自己是上天子女的人。

记得这句话:"保持心境安静,意识到自己与上天一体。"永远不要忘记你是谁!没有上天存在的地方,也不可能有你的存在。

死亡,只是一种转换

人生就是一连串的考验,通过这些考验之后,回忆起来才会发现那都是宝贵的经历。回顾我人生中的种种考验,让我受益匪浅,包括有一天晚上,在让人睁不开眼睛的暴风雪里,几乎濒临死亡。那是我刚开始和平之旅的第一年,是我一生中最美的经历。

当时,我走在美国亚利桑那州一片非常蛮荒的山区里,几公里内都杳无人烟。那天下午,一场暴风雪突然来袭,虽然完全不是应该下雪的季节。我从未见过这样猛烈的暴风雪。如果下的是雨,肯定可以称之为倾盆大雨。我第一次看到雪像这样从天上倾泻而下!

才一会儿工夫,我就走在深深的积雪里了,透过雪幕,几乎什么也看不见。我突然意识到,汽车也开不了了,也许都被困在高速公路上动弹不得。天色越来越暗,上空乌云密布,这时已经伸手不见五指。风雪扑到我的脸上,我连眼睛也睁不开。气温越来越低了,冷得透彻骨髓。

第7章 灵性人生

如果我这辈子有失去信心、感到恐惧的时候，大概就是那个时候，因为我知道附近完全没有人能帮助我。但这整个经历——寒冷、风雪、黑暗——似乎很不真实。我感觉唯独只有上天是真实的。我感到自己实现了完全的和谐统一，不是与我的身体这一终将毁灭的皮囊和谐统一，而是与驱动身体、永远不灭的真实本性和谐统一。

我感到如此自由：我觉得怎样都行，无论是留在尘世继续奉献，还是前往下一个更自由的阶段继续奉献，都毫无问题。我感到冥冥中有一种指引让我继续前行，尽管我也不知道自己是走在高速公路上，还是走到了田野里。我什么都看不见，穿着低帮帆布鞋的脚已经像是冻成了冰块，走起来如此沉重。我蹒跚前行，身体逐渐冻僵了。

等到疼痛已经变成了麻木之后，我出现了所谓的幻觉，也有些人称之为境界。就好像我突然能够感知到一切，不仅仅是生命中肉体那部分，感觉到黑暗、寒冷，暴风雪扑面而来；我也能无限接近生命中精神的部分，一切都温暖光明，我几乎可以走入其中。那里的景象美丽之极，源于熟悉的色彩，而又超越了平日的色彩；来自熟悉的音乐，而又超越了世间的音乐。

然后我看到，很远很远的地方有一些人，其中有个人快速朝我走来。当她接近时，我认出了这位朋友，她看起来比去世时年轻得多。

我相信，在死亡这种转换开始的时候，最亲近最心爱的人

越走越平和

会前来迎接我们。我曾经陪伴临终的朋友度过弥留期,清楚地记得,他们是怎样与阴阳两界的亲友交谈,就好像所有人都一起待在那个房间里。

所以我觉得,死亡的时刻已经来临,于是我迎上前去说(也许只是在心里想):"你是来接我的吧?"但她摇了摇头!做了个手势让我回去。就在那一刻,我撞上了一座桥的栏杆。奇妙的境界消失了。

我感觉自己仿佛被引领着,慢慢摸索着走下积雪覆盖的堤岸,躲到桥下面。我在那里找到了一个很大的瓦楞纸箱,里面都是包装纸。我的身体已经冻僵了,缓慢而笨拙地爬进纸箱里,再用僵硬的手指把包装纸拢到周围。暴风雪中,我在桥下沉沉睡去。上天为我带来的不仅仅是这个栖身之地,还有这段难得的经历。

如果你们看到我身处暴风雪之中,也许会说:"这个可怜的女人遭遇了多么可怕的经历。"但回忆起来,我只会觉得:这是一段多么奇妙的经历,我勇敢地面对死亡,始终能够意识到上天的存在,这正是我们需要时时牢记的。

我相信,能有机会体验死亡转换的开始阶段,这是上天的恩赐。因此,现在当我心爱的人们经历这种美丽的转换,进入更自由的生命时,我已经能够欣然面对。我会期待死亡转换的来临,这将是我一生中最后一次美妙的经历。

第 7 章　灵性人生

有人问，我说自己已经开始了所谓死亡的过程，这是什么意思。当然，死亡这种转换是一个过程。首先，除了现实世界之外，你也会开始感受到另一个非肉体的精神世界。然后，你开始认出那个世界中的亲友们，他们朝你走来，你会发现自己可以与两边的世界沟通交流。之前我就走到了这一步。而后，生命之弦断裂，与这一边的联系会切断，不过你仍然能看见和听见现实的世界。你会发现自己身处"交汇之地"，与另一个世界的亲友们重逢，最后，你会进入一个新的阶段，在那里学习与奉献（如果能提升到一定程度）。

死亡是一种美好的解脱，放下身体这具皮囊，进入更加自由的生命。以自我为中心的本性在非肉体的精神世界里学习成长，然后再回到原来的世界中，进入另一个合适的身体，在合适的条件下学习需要认知的哲理。如果我们能更加深入地看待人生，就会在生时悲伤而死时欢悦。如果我们能认识到，尘世间的生命与整体相比是多么短暂，就不会再为尘世的困难而苦恼，而是着眼于真正值得忧虑的问题。

葬礼应该是一次愉快的送别会，回忆这个人以往的善行，朗诵他喜爱的诗篇，吟唱他喜爱的歌曲。如果能这样做，那个得到解脱的人也会与我们一起充满喜悦。

我儿时的金发长大后变成了红褐色，这种变化我完全可以接受，并不会为之遗憾，同样的，我也不难接受自己长出白发——我已做好准备，迎接我的头发乃至整个躯壳都复归于尘土的时刻,而我的心灵则会成为更自由的生命。我已经到了白发苍苍的年纪,每个阶段都有着需要领会的哲理。如果你事先已经了解到这个阶段的哲理,生命中每个时节都会美妙无比。而如果你没能获得应有的启发,就会希望再次回到这个阶段。

宗教

　　宗教本身不是目的,最终的目标是个人与上天融为一体。世上会有这么多种宗教,是因为人类不够成熟,总是强调微不足道的差异,却忽视了重要的共同点。不同信仰之间的差异在于教义和仪式,而不在于心灵。

　　不同的道路看似区别很大,但最终不是都一样通往山顶吗?它们所追求的,难道不都是同样的东西吗?

　　如果你拥有宗教信仰,应该把它当作接近上天的踏脚石,而非在你自己与上天的其他子女之间形成隔阂,或者化为一座高塔,使你高高在上、远离他人。不管你有没有信仰,都应在沉静中探索上天,在内心中探索。

　　如果我们想要孤立别人,结果只会孤立自己。我们都是上天的子女,没有谁受到偏爱。对于所有探索中的人,上天都会给予启示;对于所有愿意倾听的人,上天都会传达话语。沉心静气,体会上天的存在。

第7章　灵性人生

我有虔诚的信仰，但并不属于任何教派。我遵循的是上天的法则，而非规章条文。人们往往会执着于宗教的外在象征和组织机构，反而忘记了最初的目的，是让自己与上天更加接近。只有当我们认识到，上天存在于我们自己心中，也存在于所有人心中，才能找到通往天堂的道路。要知道我们都是无边无尽的世界中的一分子，每个人都能为他人的幸福做出贡献。

和平之旅刚开始不久时，我读了圣经的《新约全书》和《旧约》的一点摘录。很多人认为这些都是非常重要的典籍，而我觉得，为了更加充分地与别人融为一体，需要进一步探究其中的含义。没错，圣经中包含了很多真理，但人们往往并未真正了解其中的含义。人们用刻板的条文代替了上天的法则中真正的精神，真理被曲解，变成谬论。如果你想要印证真理，最好在内心中探索，而非求诸纸面文字。

很多人自称是基督徒，但真正遵循基督教义生活的人很少，甚至几乎没有。如果你真的按照教义生活，人们可能会觉得你疯了。有句话说得很贴切，有两种人同样惊世骇俗：一种是拒绝基督教的人，另一种是真正实行基督教义的人。

我相信耶稣会接纳我，因为我确实会按照他教诲世人的方法去做。但这并不意味着，所有自称基督徒的人都会接纳我。当然，我爱耶稣，也感激耶稣，我希望基督徒们都能学会奉行他的戒律，那这个世界将会更加美好。

越走越平和

爱的道路

不可能以恶制恶，只能以善制恶。这就是爱的道路教会我们的事情。在当今世界上，有两种力量在较量：一种是以恶制恶的旧路，用现代武器把世界带向一片混乱；另一种是以善制恶，能够带来光明而成熟的生活。

我们不需要努力摧毁所谓的恶，因为任何违反上天法则的事物都不可能长久。世间所有不好的事物只能暂时存在，它们本身就含有毁灭的因子。只有遵循"唯善能胜恶"这一上天的法则，我们才能促使邪恶更快地消失。为了压服邪恶而制造出另一些邪恶的事情，只会加剧恶的存在。

上天的法则始终都在起着作用，一切与之不和谐的事情都会逐渐消失。上天的意愿终将实现，怎么可能会有人怀疑呢？但这个过程有多快，就取决于我们自己。能够在多大程度上减少暴力，同样取决于我们自己。只要我们愿意放弃暴力，只要我们愿意破旧立新，这类暴力事件终究会越来越少。所以，让我们为此而努力吧。让我们帮助凤凰浴火重生，让我们为人类复兴打下基础，让我们促进心灵的觉醒，不断提升，直至进入未来的黄金时代。

为了推动黄金时代的来临，我们必须看到人性中善的一面。要知道，**善良始终存在，无论埋藏得多深**。没错，人性里有冷漠，有自私，但同样有善良。你不可能通过评判他人来感受到人们心中的善良，只有通过爱与信任才能做到。

第7章 灵性人生

纯净的爱，是全心全意地付出，完全不求回报。爱能挽救世界幸免于核灾难。以接受和回应的态度爱着上天，以友好和奉献的态度爱着你的人类伙伴。在生活中跟随爱的道路，无愧于做上天的子女。

你了解上天的存在吗？你可知道，有一种比我们强大的力量，存在于我们的内心中，也存在于宇宙中的每个角落？我把这称之为上天。你可知道，认识上天的存在、随时接受上天的指引，是什么样的感受？认识上天，意味着对所有人类和世间万物抱有爱；认识上天，意味着感受内心的安宁——冷静、沉着、毫不动摇，使你能够面对任何状况；认识上天，意味着心中洋溢着喜悦，进一步扩展到整个世界。

如今我只有一个愿望：为自己实现上天的意愿。这里并不存在冲突。上天指引我作为和平使者行走，我会欣然前往；上天指引我去做其他事情，我同样高高兴兴去做。如果我的所作所为招致批评，我不卑不亢地接受；如果我的所作所为获得称赞，我会立即反馈给上天，因为我只是上天实现目的的工具。上天指引我去做某些事情时，我会获得力量，拥有相应的物质，看到前行的道路。不论路途平坦还是曲折，我永远走在上天慈爱、安宁和喜悦的光明中，而我会以感恩和赞美诗回报上天。这就是与上天相识。认识上天并非大人物的专利，你我这样渺小的人同样有这个权利。上天一直都在寻找你，寻找你们中的每一个人。

 越走越平和

只要一心寻求,就能找到上天——遵循神圣的法则,爱着人类同胞,消除私欲,放下执着,抛弃负面的想法和感受。你会在平静安宁中找到上天的存在,你会在自己心里发现上天的存在。

第 7 章　灵性人生

"这就是我和我的所有财产。想想看我是多么自由！如果要旅行的话，站起身来就可以走了。"

（摄影：卡拉・安妮特）

沉思的絮语

🔱 不沿着这条道路走下去，就不可能见到智慧之光。你无法从别人那里得到，也不可能给予任何人。只需从你自己感到最轻松的方法开始，迈出最初几步之后，你会发现继续前行变得更加容易。

🔱 如果你认识到自己在神圣的计划中、在世间万物中的位置，就不会再感到不满足。在任何状况下、面对任何障碍时，你都有办法应对。不会觉得吃力，始终感到安心。

🔱 如果你始终坚持与上天交流，坚持倾听内心的声音，就不会再有疑虑产生，你会很清楚自己的道路。你知道自己只是完成任务所需的工具，从而不会产生任何骄傲自满的感觉。

🔱 精神生活才是真实的生活，其他都只是幻影。只有那些依赖于上天的人，才拥有真正的自由。唯有依循最高智慧之光指引的人，才能拥有和谐的生活。一切遵循最高动机行事的人，都会成为向善的力量。别人是否会受到明显影响，这并不重要，不必追求或期盼效果。只需知道，你做的每件好事、说的每句好话、出现的每个积极想法，都会产生好的影响。

🔱 很少有人能找到内心的安宁，不是因为人们试过了却做

沉思的絮语

不到，而是因为他们根本就没去尝试。

🜲 我们这个宇宙里，没有任何一件事是偶然发生的。一切都遵循最高的法则，一切都在上天的法则下井然有序。

🜲 评判他人毫无益处，还会伤害自己的心灵。只有启发别人自我评判，才能产生有益的效果。

🜲 我认识到，那种完全以自我为中心的生活，根本没有价值。如果你所做的事情除了利己之外，对别人毫无益处，那就不值得做。

🜲 上天之道浅显易懂，连小孩子都能理解。真理很简单，奉行却并不容易。对于自己真正的潜力，人类往往只触及表面。如果能理解耶稣或其他先知的真理，明白天堂就在我们内心中，那么任何人都可以获得上天神圣的能量。

🜲 如果你想要教导别人，无论长幼，一定要从他们能够理解的层次着手，用他们能懂的话来说。一旦抓住了他们的注意力，就可以带着他们尽可能前行。如果你发现他们的层次已超过了你的理解层次，就向他们学习。因为心灵提升的步骤可以多种多样，并没有一定之规，我们都可以互相学习。

🜲 人生中有成功也有失败。希望你能够从成功中获得鼓励，因失败而变得更强大。只要你对上天不失去信念，面对任

越走越平和

何情况都能顺利度过。

🕈 从情感的角度看待事物，不可能看得清楚；从精神层面上体会事物，才能充分理解。

🕈 活在当下，做需要做的事情。每天尽自己所能去做有益的事，未来会如你希望一般展开。

🕈 要学的很多，要保持平衡的地方也很多。宇宙的法则不会为了个人方便而变动。人类必须学会接受生活中的一切，那都是学习的机会。也正因如此，心灵不成熟的人不可能靠别人来帮你成长。探索心灵的道路上只能独自前行，但上天会与你同在。

🕈 如果你为祈祷奉献出一生，祈祷的力量会增强到无限大。

🕈 虽然别人可能会为你感到遗憾，但千万不要为自己感到遗憾：对于心灵幸福来说，这会产生致命的影响。要知道，无论问题有多么艰难，都是心灵成长的机会，尽可能好好利用这些机会。

🕈 要获得内心的安宁，必须奉献出你的一生，而不仅仅是财物。只有当你终于能够奉献出生命的时候，也就是信念与生活和谐一致的时候，你才能找到内心的安宁。

第8章
和平的道路

和平的道路就是爱的道路。

和平的道路是：行善止恶，存真去伪，留爱忘恨。

第 8 章 和平的道路

和平的道路是:行善止恶,存真去伪,留爱忘恨。

很难让人们认识到,所有的战争都是有害无益、有输无赢的。人类还不够成熟,才会想要以恶制恶,但这样只会使恶加倍增长。唯一的办法是以善胜恶。

我那条简单的和平信息,可以一言以蔽之——和平的道路就是爱的道路。爱是世界上最伟大的力量,能够战胜一切。如果一个人能够与上天爱的法则和谐一致,他的力量会比一整支军队更强大,因为他不需要征服敌人,而是可以化敌为友。

有一天,我沿着高速公路行走时,用熟悉的调子唱出和平的话语,我想这是对当今世界的一个简短总结:

这个世界,正疯狂地制造战争和武器,
这个世界,会以前所未有的方式毁灭。
我听到敌人咒骂,纷争日益增多,
可是啊,这个世界仍然盼望着、向往着,
为了和平而祈祷——为了和平!

原子弹给我们的教训是:"要么和平,要么灭亡!"我们认识到,不用再想什么军事胜利了,核战意味着同归于尽、两败俱伤。很多人以冷漠的态度面对当前这种危机,也有些人灰心丧气,只有非常少的人能够积极应对。

现在非常需要采取建设性的和平行动。我们正处在人类史

越走越平和

上的危急时刻，生活在当代的人们，面临着非常关键的决定：选择会毁灭一切的核战，还是选择和平的黄金时代？所有生活在当代的人，都在共同做出决定。如今，世界形势的潮流往往容易转向战争与毁灭的方向。在这样的危机中无所作为的人，选择了听之任之。想要选择和平的人，必须为和平采取有意义的行动。人们已经开始觉醒、活跃，逐渐加快速度，你也可以成为其中的一部分，一起努力，尽快有效地扭转潮流。在这种危机状态下，和平是所有人的责任！争取和平的时机，就是现在！

真正的和平源于内心，如果内心安宁，就不会再有冲突，不会再爆发战争。如果这是你所追求的和平，那么就通过合理的生活习惯净化身体；消除负面思想以净化心灵；改变贪婪自私的想法，主动为人类同胞做出贡献，从而净化动机；抛弃所有的名利物欲，只求了解并遵循上天的旨意，从而净化意愿。同时，也要启发他人这样做。

有些人追求暂时的和平，在发生冲突的地方，通过各种运作解决世间冲突。虽然行为暴力消失了，但精神暴力也许仍然存在。如果这是你所追求的和平，那么就在全世界的层面上，致力于全球裁军与重建，建立属于全人类的世界政府，发展新的世界观：把全人类的幸福置于任何国家利益之上；或者在国家的层面上，把国防部的功能从破坏转变成建设。为了世界上不幸的人，为了和平时代的经济发展，还有很多建设工作要做，

第8章 和平的道路

还有很多问题要解决。请人们与你一起合作、共同参与。

我们可以同时发展内心安宁与世界和平。一方面，人们投入到比自我更重要的事物中——比如世界和平，他们会从中获得内心安宁。因为找到内心安宁意味着从以自我为中心的生活，转变为以人类整体幸福为中心的生活。另一方面，帮助更多的人找到内心安宁，也是努力实现世界和平的一种方式。因为，只有足够多的人实现内心安宁，才能维持稳定长久的世界和平。

我内心的安宁，完全不受外界事物影响。只有自己实现了和谐一致，我才能引导他人步入和谐。在实现世界和平之前，我们首先需要让更多的人达到和谐状态。但这并不意味着我不关心外部世界发生了什么。当今时代，需要很多人为和平而祈祷，为和平而努力。一切正当的努力和祈祷都会产生效果，有所收获，无论我们能否看到最终成果。虽然当今世界存在各种黑暗面，但我不会灰心。就像人生走向和谐的道路上，会经历一系列高峰与低谷，整个社会寻求和平的过程中，也一样会有起起落落。

人类内心深处非常渴望世界和平，只要不被冷漠、麻木和恐惧所禁锢，人们就会为和平而努力。致力于促进和平的人士，他们的任务是鼓舞人们走出冷漠的外壳，以真理感动麻木的人，凭借对上天法则的信念，安抚他们的恐惧，共同致力于行善。

要知道，所有违反上天法则的事物都不会长久。我们不能

越走越平和

绝望,而是要散播和平的希望,期待一个没有战争的世界。和平一定可以实现,因为意愿的力量无比强大。

几个真正奉献自我的人,就能抵消一大群不和谐的人所产生的负面影响。所以,我们这些致力于促进和平的人士,绝不能退缩踌躇。我们必须为和平祈祷,以各种方式为和平而努力;我们必须不断宣传和平,以和平的方式生活;我们必须始终关注和平,相信和平是可以实现的,只有这样才能影响和启发他人。我们始终在心中惦念的,终究会努力使之实现。一个微不足道的人,把她所有的时间奉献给和平,会成为新闻。许许多多的人,每个人为和平奉献出一点时间,会创造历史。

有一天,一位女士对我说:"和平使者,我现在和你一起为和平而祈祷,但我其实并不相信那个目标有可能实现。"我说:"你不相信和平是上天的意愿?"她说:"哦,不,我知道。"于是我说:"那你怎么会说上天的意愿不可能实现呢?不仅可能,而且是必然的,至于实现得多快,就取决于我们自己了。"

即使是一个松散无组织的群体,如果为了一个良好的目标共同努力,产生的力量也不可小觑。我们所有为和平而努力的人、为和平而祈祷的人,虽然人数不多,也形成了一个强大的心灵团队。我们的力量远远超越了我们的人数。

在开辟道路的过程中倒下的人,往往比最终取得成功的人贡献更大。我十分敬佩和平工作的开路先锋,虽然道路崎岖,也看不出什么明显的成果,但他们仍然全力以赴,为和平而

第 8 章　和平的道路

努力。

我最经常遇到的问题之一就是："你的和平之旅有成效吗？"我的回答是，我从来没有期望看到结果，我把结果交在上天手中。也许在我有生之年都不会看到，但是总有实现的一天。而且，无论你是否相信，现在已经有了一些成果。很多人来信说，他们受到了启发，开始以自己的方式为和平做一些努力，比如写信给美国国会，与亲戚朋友和平共处等等。这一切的努力都会累积起来。

而今，回顾所有致力于促进和平的人士为此做出的全部努力，我能够看到成果。在我刚刚开始和平之旅的时候，人们把战争视为生活中必然存在的一部分。而现在，努力促进和平更加流行！当初，很少有人对探索内心世界感兴趣。当时我在一所州立大学做了个调查，发现在那个时代，有三分之二到四分之三的学生认为自己是无神论者或不可知论者。而现在，很少有谁对于深入探索内心没有兴趣。对我来说，这是最令人充满希望的迹象。

一方面可以说：我们物质上的进步远远超过精神上的进步，可差一点就毁灭了地球上的所有生灵，这是多么可悲。另一方面也可以说：幸而我们终于认识到，依靠军事取得胜利是不可能的，现在才终于让那些不够成熟、甚至缺乏善意的人愿意放下武器。这两种说法都没错。

世界和平或内心安宁，最大的阻碍都是恐惧。正是恐惧促

越走越平和

使我们制造大规模杀伤性武器。我们对于自己恐惧的东西，会产生没有理由的憎恨，于是我们变得又恨又怕。这不仅会在心理上伤害我们，也会进一步加剧这个世界的紧张状态，负面情绪凝聚起来，反会引来我们恐惧的事情。如果我们毫无畏惧，主动付出爱，就可以期待好事来临。这个世界多么需要爱与信念的讯息和榜样！

和平！自由！世界就应该是这样的！但什么时候才能实现？是现在，还是大毁灭之后的重生，又或是遥遥无期？这取决于我们自己！

为了以和平的方式解决冲突，还需要进行大量的研究和试验。我们可以集体工作，也可以单独行动，执行特定的和平计划。平时如果遇到善行好事，也要多加称赞，使之进一步发展。

你可能改变的只有一个国家——你的祖国。在你的国家发生了变化之后，这个榜样会启发和影响其他国家做出转变。如果任何一个有影响力的国家，具有强大的精神力量，敢于卸下一切武装，赤手空拳面对全世界，那么整个世界都会发生改变。可惜，目前我看不到任何一个国家有这种伟大的精神力量和勇气。因此，全球裁军将是一个非常缓慢的过程，只能靠着人类生存的欲望一点点推进。

我们在当今世界中看到的黑暗，是因为违背上天法则的事物正在瓦解。根本的冲突并不是国家之间的冲突，而是两种截然不同的观念之间的冲突。

第8章 和平的道路

一种认为,邪恶可以通过更强大的邪恶来战胜,为了正当的目的可以不择手段。这种观念在当今世界相当流行,往往导致走向战争之路。这也正是所有大国政府的立场。

然而,还有另一种做法,早在两千多年以前我们就已学会了,那就是"行善止恶"。这也是我的方式。千万不可失去信念:上天选择的道路最终会占据上风。

为了使世界变得更加和平,人类本身也必须更加平静。对于成熟的人类来说,战争不再是个问题,完全不可能发生战争。但人类处于不成熟的阶段中,既想要和平,又想要会引起战争的东西。然而,就像孩子们会逐渐长大,人类也终究会变得成熟。没错,我们的领袖和制度也反映出我们的不成熟,但随着我们逐渐成熟,会选出更好的领袖,建立更完善的制度。这一切将最终归结到大多数人想要逃避的事情上:努力改善自我。

和平的根源就在我们的内心中。努力在内心中寻找,随着时间的流逝,我们会一点一点逐渐接近目标,如果有足够多的人实现了内心的安宁,就能促使我们的制度进一步完善。随之,新的制度会建立起榜样,反过来对那些还不成熟的人产生积极影响。

这个世界实现和平的方式,也许类似于美国当年的情况。我们依次经历了数百年前的传统决斗、美国印第安人战争、南北战争,长久的混乱之后终于实现了和平。虽然如今已经建立起避免行为暴力的机制,但精神暴力仍然存在。只不过是发动战争的权力从较小的机构（如州政府）转移到较大的机构（美国联邦政府）。我相信迟早有一天，发动战争的权力又会再次从较小的机构（各国）转移到联合国这个较大的机构。

我想各国政府不会放弃、也不应放弃其他权力。其实，人们可以很好地掌控与切身利益相关的基层事务。任何事务，如果可以在基层公正有效地处理，都应由基层直接处理，只有在必要时，才转交给上级机构。

联合国有责任维护世界和平。只要我们仍然不够成熟，联合国就应该保持警力，应对扰乱世界和平的人，但我希望这样能有助于重建。为了预防战争发生，联合国也应建立非武装的和平部队。食物供应不足之类的问题是国家的事，联合国则应去帮助那些为争取自由而奋斗的国家，自由是如今所有人类心中的渴望。

有一次，我对一位既相信战争、也相信基督教价值观的女士说："你一边谈到基督教的价值观，一边又说：'武力是唯一能得到尊重的方式。'这是我们多年以来经常遇到的问题——只把基督教的价值观放在口头上，生活中却使用尖牙利爪的丛林法则。我们引用圣经说：'不可被邪恶战胜，应以善制恶'，然后又想用更强大的邪恶战胜这种邪恶，从而加剧恶的存在。我们信奉上帝，却不相信上帝爱的法则真的能起作用。这个世界一直期待爱的法则能够得到实际应用，爱能触及所有人类内心的本性，进而改变人类。"

第 8 章 和平的道路

加拿大一所大教会的牧师,刚刚从东方访问归来,他告诉我说,佛教徒派出了两千名使者,希望帮助基督徒走上非暴力的道路!

第二次世界大战期间,一位美国主日学校的教师在太平洋战区服役,抓住了一个日本兵。把俘虏带回营地的路上,美国人发现他能说英语。"你知道吗?"日本兵说,"我以前也是基督徒。"美国人迟疑半晌后问道:"那你为什么放弃了呢?"日本兵一脸惊讶,困惑地回答说:"我怎么可能既是军人又是基督徒?"

人们没有认识到,非暴力的原则可以应用于任何情况,包括第二次世界大战。我曾经遇到几位丹麦人,他们在二战期间通过非暴力和爱的方式,写下了美好的故事。

德国占领法国期间,法国人经常会偷偷把德国巡逻兵杀掉,然后德军为了报复就会血洗整个地区。德军侵入丹麦后,丹麦人开始实施不合作计划。俗话说,想抓住男人的心,要先抓住男人的胃。丹麦人依此行事,他们对德国巡逻兵说:"如果你代表纳粹政府,你没有权利入侵这里,正如我们也无权进入你的国家。但同时你也是个背井离乡的年轻人,很可能会想念家乡。如果你作为我们的人类同胞,愿意放下枪支,进来与我们一起吃晚餐,我们会欢迎你的。"这种做法往往屡试不爽。然后德国兵会想:"天啊,这些人真好。我们究竟还在这里干什么?"

丹麦人还用非暴力的方法,保护了丹麦境内的犹太人。

我曾遇到一位犹太女士,二战期间,她与父母一起住在希特勒当政的德国。她16岁就结婚了，17岁生下第一个孩子，18岁迎来第二个孩子。在她19岁时，发生了三件事。第一件，英国人的炸弹炸毁了她的家，炸死了她父母。我猜他们还会觉得这是为了解救她。第二件，她的丈夫被纳粹带走了，一去再也没有消息，她只能猜想他也凶多吉少。第三件，美国人的炸弹炸死了她的两个孩子，她自己也受了伤。我见到她的时候，她还留有受伤的后遗症。我们再一次"解救"了她。

她伤痕累累，与难民们一起流离失所。有时候，宽恕可以让人实现心灵的成长。她开始想：**他们伤害甚至摧毁了我们的身体，但他们也伤害了自己的灵魂，这更加不幸**。于是她能感到同情，为所有相关的人们祈祷，无论是被害者还是杀人者。她一直都保持这种正面的态度，德国人视她为朋友，冒着生命危险把她送往英国。她在那里又成了英国人的朋友，最后来到了美国。

显然，这件事代表了在你能想象的最困难的情况下，精神能够取得最惊人的胜利。这件事还说明了另一个道理：谁，或者什么，才是这位女士的敌人？是毁了她的家、杀了她父母的英国人？是杀了她丈夫的德国人？还是伤了她、杀了她两个孩子的美国人？答案惊人地显而易见，战争才是她真正的敌人。

人类灵魂面对极大的困难时，也是面对心灵成长的绝佳机会。同样的，一个面临毁灭的人类社会，也面临着进入新的复兴时期的机会。我在想，除非发生意外，求生的意愿会使我们

第 8 章 和平的道路

远离核战。我也相信,各方面都会做出改变。有的地方会进一步发展经济和社会民主,有的地方会改进政治民主和个人主义。一个理想的社会有待我们建立,那是一个可以平衡群体幸福与个人幸福的社会。

关于非暴力原则的几个故事

有一天我在一座古堡旁边沉思，心想：如果这座古堡能说话，会对世人说些什么呢？于是我写下了这篇短文。

古堡的话

人们建造我的时候，花费了大量时间和金钱，因为人们认为我可以抵御外敌、保卫城市。如今，我凄凉地站在这里，明显已经过时了。但我并不是唯一被废弃的防御工具。即使更先进的防御工具，也会过时，但你们处于恐惧之中，惶惑地抓住它们不放。虽然人们在不成熟的时候，会把大量时间和金钱耗费在这上面，但你心底也知道，这些东西其实无法保护你。你知道自己正面临一个全新的时代，似乎毫无防卫能力。核弹在对你说："要么和平，要么毁灭！"可是，你真的会因为那些防御工具注定被淘汰，而毫无防卫能力吗？你们难道忘了，遵循上天的法则，就是一种永远不会消失的保护？自古以来的教导与自我中好的一面，都在告诉我们，只能行善止恶。经验也告诉我们，想交到朋友，首先自己必须友好。你们要什么时候才能拥有足够的智慧,抛弃那条通往毁灭的道路,回到永恒不变的保护中呢?人类啊!抉择就在眼前!你们还来得及选择自己的生活,但是必须尽快做出决定!

人类这种奇怪的生物

对于"人类"这种奇怪的生物,外星人也许是这样看的。

一种来自其他星球的生物,驾驶宇宙飞船停泊在荒无人烟的地方。第二天早上,他经过一个军营,看到人们把刀子固定在奇怪的棍子上,用来扎稻草袋子。"这是什么?"他问一个穿制服的年轻人。"刺刀练习。"年轻人回答说,"我们用假人来练习,学习怎样用刺刀杀人。当然,用刺刀杀不了多少人,要杀很多人还是得用炸弹。""但你们为什么要学习杀人?"外星人惊骇地喊道。"我们也不想,"年轻人无奈地说,"我们被迫到这里来,也不知道要怎么办。"

当天下午,外星人经过一个大城市,看到一大群人聚在广场上,观看一个穿制服的年轻人的授勋仪式。外星人便问旁边的人:"他为什么被授勋?"那个人回说:"因为他在战场上杀了100个人。"外星人很惊恐地看着那杀了

越走越平和

100人的年轻人,然后走开了。

在城里另一个地方,外星人听到收音机里大声宣布,某个人很快将被执行死刑。外星人问:"他为什么会被处死?"旁边的人回答说:"因为他杀了两个人。"外星人困惑地走开了。

那天晚上,外星人反复思考这些事情,打开笔记本写道:似乎所有的年轻人都被迫学习如何有效地杀人。杀了很多人的,会得到勋章当作奖励。不擅长这种事、只杀了几个人的,会受到惩罚,甚至被处死。

外星人悲哀地摇摇头,加了一条备注:"看来,人类这种奇怪的生物很快就会自己灭种。"

期待和平的境界

45天的祈祷与断食将近尾声的时候,有一天我处于半梦半醒之间,隐约看到一种美好的境界,那是我的愿景。我看到世界各国都武装起来准备战争。我苦口婆心地劝阻,他们置若罔闻。我为他们哭泣,他们无动于衷。我为他们祈祷,环顾周围,看到全世界的人们与我一同祈祷。然后我注意到,当我们祈祷时,一个朦胧的光点升到我们的上方,逐渐成形。最终出现一个光芒四射的人

第8章 和平的道路

形,他的白袍如此耀眼,他的脸庞如此明亮,我几乎无法正视。当他开口时,和蔼的声音里充满雷霆万钧的力量:"放下你们的剑!"他说,"拿剑的人,终将被剑毁灭!"世界各国都惊惶地仰望着他,纷纷丢下武器。全世界的人们终于又能充满喜悦地和平共处。

关于和平与裁军的更多想法

我想再强调一次,正当的祈祷会带来正面的行动,没有付诸实施的信念毫无意义。写一封呼吁和平的信,就是把想法付诸实施的一种好方法。

实现裁军,将是个很慢的过程。一部分因为恐惧仍然根深蒂固,一部分因为还有人妄想依靠武器实现某些目标,也有一部分是因为,备战状态似乎更有利于某些产业经济的发展。

新的时代需要更崇高的价值观。倡议和平的人曾经被称为理想主义者,但在如今的核战时代,唯一比较现实的就是理想主义者。我们一直认为自己具有崇高的价值观,不妨把这些价值观实际应用到如今的危机环境中。

我相信,战争违背了上天的旨意,也有违人之常情。我体会到,和平的道路就是爱的道路。我应该为和平而努

越走越平和

力，以身作则走上爱的道路，帮助我所处的团体、我的国家，以及联合国应用爱的方式，祈祷全世界都能走上爱的道路。

我会对军队说，没错，我们需要你们。空军可以帮忙净化空气，海军陆战队拯救被破坏的森林，海军不妨清理海洋，海岸防卫队负责河流，陆军可以建设排水工程预防洪灾，以及其他对人类有益的事情。

如果认为一件事不可能实现，我们就会给自己设下限制。有很多人认为世界和平不可能实现，也有很多人认为内心安宁不可能实现。能够实现目标的，往往是那种不相信这件事做不到的人。

我们所有的问题，根本原因都在于自己还不够成熟。这就是为什么我一直说，实现我们自己的内心安宁，是实现世界和平的一个步骤。如果我们足够成熟，就能坚持和平，不会发动战争。不成熟的人类无法领会上天的法则，才会认为能够以恶制恶。我们不成熟的一个表现，就是贪婪，导致我们连"分享"这种简单的事情都很难做到。

如今我认识到，症状过于严重的时候，需要先治一下标，才能缓过劲来继续治本。所以越战期间，我也参加了一些非暴力的和平示威。那是个奇异的时代，美国人民无视政府，终于使得越战得以停止，展现出了美国国民

第8章 和平的道路

的力量。

还有各种各样的问题存在，比如饥荒日益严重的问题。我希望每个人都能得到干净的食物、水和空气。我希望能满足人们所有的物质需要，让大家能够获得心灵养分，能够拥有美好的环境和一切带来启示的事物。会点数学就能算得出来，如果世界各国不再制造毁灭性武器，就可以让全世界的人都丰衣足食。

我们应该追随最高智慧前进，仁慈对待那些不和谐的人，试着启发他们回归正道。促使任何混乱的状况变得和谐，都是为和平做出贡献。当你努力促进世界和平、群体和谐、人与人之间的和睦，或是自己的内心安宁时，都是在整个和平画卷上留下自己的痕迹。

我们绝对不能忘记，违背上天的法则会带来灾难，虽然人们往往要犯了错误才能汲取到教训。

现在来看看我们的世界——一个可怜的、被战火蹂躏的世界。我们究竟是怎么了？如此注重物质方面，想要拥有一切没有的东西，而在心灵方面如此贫乏，对于一切科技进展的成果，第一反应就是把它变成杀人武器。这正是因为我们的心灵落后物质太多。对于未来最有用的研究，是在心灵方面。我们需要实现二者的平衡，才能了解怎样可以更好地利用现有的物质。

越战期间，人们发起了大量和平活动，而战争结束后这种活动就减少了，出现了一段停滞期。我想这也是难免的，每次战后都会发生这种现象。

战争结束后，总会出现一段暴力时期。第一次和第二次世界大战之后，我都亲眼看到过这种情况。记得二战后，美国新泽西州康顿市有个人，在街上杀了5个人，他被捕时说："是你们教我杀人的。"是军队教会了他杀人。另一个人在德州大学的高楼上开枪射击，杀了15个人，还打伤了很多人，他也是越战时在军队里学会杀人的。

和平的代价

对于战争的代价，我们似乎做好了准备。我们几乎心甘情愿地为战争付出自己的时间、财产、身体，甚至生命。但我们却不打算为和平付出任何代价。我们一边肆无忌惮地违背上天的法则，一边却希望实现和平。好吧，不付出代价无法实现和平，违背上天的法则更不可能实现和平。和平，只有当我们愿意付出代价时，才能实现。对于这个陶醉于权力、沉浸于贪婪、被虚假的预言蛊惑的世界来说，和平的代价也许真的很高。因为，和平的代价是遵循更高的法则：唯善能胜恶，以爱克服仇恨，唯行善能得

第8章 和平的道路

善果。

和平的代价，是用信念来代替恐惧。相信只要遵循上天的法则，就能得到上天的福佑。和平的代价，是放下仇恨，让自己心中充满爱，爱世间所有的人类同胞。和平的代价，是化自大傲慢为谦虚忏悔，牢记和平的道路就是爱的道路。和平的代价，是抛弃贪婪，乐于付出，当得知世界上还有人无法实现温饱的时候，会为自己拥有过多而感到心灵受伤。

世间的人类，留给你们做出决定的时间已经不多，也许只有几年。是否愿意为和平付出代价，完全是我们自己的选择。如果不愿付出代价，我们所珍爱的将在战火中化为灰烬。当今世界的黑暗，是因为违背上天法则的事物正在瓦解。但愿我们不要绝望地说，这是暴风雨前的黑暗，而是带着信心地说，这是和平的黄金时代黎明之前的黑暗，一个我们现在甚至无法想象的时代。

让我们为此一同期盼，一同努力，一同祈祷。

越走越平和

第 9 章
和平主义的进一步扩展

> 如果有人恨我,我将以爱回报,因为我明白只有爱能消融恨,所有人的本性都是善良的,通过爱的方式就能开启。

第9章 和平主义的进一步扩展

很多人都知道一个简单的道理：唯善能胜恶。和平主义者不仅了解这个道理，也在身体力行。他们拒绝使用也不会赞成使用暴力手段。有些人反对战争，但在日常生活中会使用暴力，我会把他们称为反战派，而非和平主义者。也有些人，使用非暴力的方法只因他们认为这是达到目的最有效的方法，这类人我称之为反暴力派，而非和平主义者。和平主义者不使用暴力，是因为他们相信这是正确的做法。无论任何情况下，他们都不会使用暴力，或赞成使用暴力。

动物的天性就是通过尖牙利爪的丛林法则来消灭敌人。但这种法则无法帮助人类解决问题，顶多只能拖延解决的时间，长远看来反而使情况变得更糟。

有些国家，在战争中处理与其他国家的关系时，也会应用丛林法则。当权者知道和平主义者不会听命行事，就把他们排除在兵役之外。一般来说，这些人要么在非军事的方面服务，要么被关进牢里。他们被称为"为和平拒服兵役者"。当然，这种人少之又少，因为只有很少的人能够在那么年轻的岁数实现内心的觉醒。

谈到和平主义的进一步扩展，我认识到，能够就这个话题交谈的对象，只有少数几位和平主义者，他们只是现代社会中一个很小的群体。面对这个我非常尊敬和钦佩的小群体，我想讨论一下我对和平主义的三种扩展。

第一，把和平的理念从不使用行为暴力，扩展到不使用精

越走越平和

神暴力。因此我不会再感到愤怒，不仅不会说出愤怒的话语，甚至都不会产生愤怒的想法。如果别人对我不好，我只会感到同情，而非怨恨。即使是那些令我感到痛苦的人，我也只会报以深深的同情，因为我知道他们已经为自己种下了苦果。如果有人恨我，我将以爱回报，因为我明白只有爱能消融恨，所有人的本性都是善良的，通过爱的方式就能开启。所以，如果应用非暴力方法时，没有与爱融合，就会遇到困难。如果只是强迫别人照你的方式去做，而没有努力改变他们，问题并不会真正得到解决。如果你能记住，其实我们并非彼此隔绝，也许就能更趋向于转化而非征服，也能帮你把和平的理念从不使用行为暴力扩展到不使用精神暴力。

除非万不得已，我并不鼓励市民们采取反抗行动。在监狱外面能做的事情，总比在监狱里面多。我也不赞同任何恐吓威胁的行为，这样做等于用精神暴力来解决问题。对某一个人所做的事情，会影响我们所有人类。

第二，我把和平的理念从不参加战争进一步扩展到不资助战争。因此，在我了解的范围内，我不再向美国联邦政府纳税。40多年以来，我的生活水平还不到申报收入所得税的下限。当然，我承认，这样做还有另一个原因：世界上还有人未能实现温饱的时候，我不能接受超过生活必需的东西。由于我不吸烟、不喝酒，自然也就没付过烟酒税；我不用奢侈品，所以没付过奢侈品税；不光顾娱乐场所，所以也没付过娱乐税。

第9章 和平主义的进一步扩展

现在，美国联邦政府大概也会支持一些我们认可的事情，但不幸的是，目前不太可能把税收只用于这些事情，而不用于战争。如果联邦政府说："如果花一半时间在战争上，还有另一半时间可以用来做好事。"和平主义者肯定不会认同。但如果这个问题是针对金钱而非时间，有些和平主义者恐怕就能接受了。我认识到，人类或多或少会言行不一，但我觉得，既然我能做到，就必须保持言行一致。我把和平的理念从不参加战争进一步扩展到不资助战争。

第三，我把和平主义从不伤害人类扩展到不伤害一切生灵。因此，我已经很多年没有吃过荤，无论是畜肉、禽肉，还是鱼肉。我也不会穿用毛皮、羽毛、皮革制作的物品或使用骨制品。我知道有的人只是为了健康原因吃素，不一定反对战争；有些人可能会怀念肉的味道。但我不会，我对动物的肉没有一丝欲望，就好像一般人不会对人肉产生食欲。我想，大多数和平主义者，其实可以说大多数现代人，如果必须亲自屠宰动物的话，都是不会想吃肉的。如果你能去参观一下屠宰场，很可能就会把和平观念从不伤害人类扩展到不伤害一切生灵。

现今有一种觉醒逐渐萌芽，十分可能发展成新的复兴。或许是生存的意愿，促使人类这样发展；也或许是因为认识到，对于我们目前所处的困境必须做些什么了。传统上习惯使用武力的团体，现在也在讨论非暴力的反抗方式。曾经对战争很狂热的人，现在正逐渐变得反对战争。甚至有越来越多的人成为

越走越平和

和平主义者。因此，我希望和平主义者不仅要继续前进，同时也要对和平的理念进行扩展。

我的背心口袋里随身携带的少量笔记中，记录着以下名人名言：

美国五星上将奥马尔·布莱德雷①："既然可以挑起战争，那一定也能阻止战争。未能阻止战争的人，对于战争中丧命的人难辞其咎。"

美国五星上将道格拉斯·麦克阿瑟②："世上还活着的人中，像我一样了解战争的已经不多了。战争对敌我双方都会产生极大的破坏性，而对于解决国际纷争毫无用处。"

教皇约翰二十三世③："行政当局立法或许可的任何事情，如果有违上天的旨意，这种法律不应制定、不应批准、也不应强迫人民遵从，因为人类应服从上天，而非他人。"

美国总统德怀特·D·艾森豪威尔④："造出的每一杆枪、

---

① 奥马尔·布莱德雷（Omar Nelson Bradley,1893-1981），美国五星上将，第二次世界大战中盟军的主要指挥官之一。
② 道格拉斯·麦克阿瑟（Douglas MacArthur，1880-1964），美国五星上将，第二次世界大战时任西南太平洋盟军总司令等职，日本投降后，任占领日本的盟军最高司令官。
③ 教皇约翰二十三世（John XXIII，1881-1963），1958年至1963年在位担任罗马教宗。提倡清廉教会，是最积极呼吁世界和平的教皇。
④ 德怀特·D·艾森豪威尔（Dwight David Eisenhower, 1890-1969），美国第三十四任总统，五星上将，二次大战时任欧洲盟军最高司令，总统任内签订"朝鲜停战协议"。

第 9 章 和平主义的进一步扩展

下水的每一艘战舰、发射的每一发炮弹,归根结底都意味着剥削那些衣食不足、未能达到温饱的国民。"他对军火工业提出警告时说:"我这么说,是因为我亲眼看到了战争的恐怖与无尽凄惨——因为我知道,只要再来一场战争,就可能彻底摧毁人类文明。"

美国总统约翰·肯尼迪①:"人类必须结束战争,否则战争就会使人类终结……如果有朝一日,为和平拒服兵役者能够与如今的战士一样获得尊重和荣誉,战争就会消失。"

美国总统林登·B·约翰逊②:"枪弹、火炮、战舰,都是人类失败的象征。"

教皇约翰·保罗二世③:"战争,是人类一手酿成的祸患。面对每一场战争,我们必须反复确认,是否有可能避免或改变战事。人类并非注定自我毁灭。理念、意愿和需要的不同所引发的冲突,一定是可以解决的,可以通过战争与武力之外的方式解决。"

纳粹德国元帅赫曼·戈林④在纽伦堡大审中说:"当然没有

---

① 约翰·肯尼迪(John Fitzgerald Kennedy,1917-1963),美国第三十五任总统,任内缔结美、苏、英禁止核试条约,组织拉丁美洲"争取进步同盟",派遣和平团赴他国。
② 林登·B·约翰逊(Lyndon Baines Johnson,1908-1973),美国第三十六任总统,提出建立"伟大社会"的改革纲领,因使越战升级而丧失公众支持。
③ 教皇约翰·保罗二世(John Paul II,1920-2005),罗马天主教第二百六十四任教皇,是一位宗教保守主义者,也是一位社会进步人士。
④ 赫曼·戈林(Hermann Wilhelm Göring,1893-1946),纳粹德国的一位政军领袖。他担任过德国空军总司令、"盖世太保"首长、国会议长等跨及党政军三部门的诸多重要职务,并曾被希特勒指定为接班人。

越走越平和

人愿意打仗。那些可怜的贫苦农民会希望上战场冒险,最好的结果也不过是完整无缺地回家。老百姓当然不愿意打仗,不管是俄国人还是英国人,就算是德国人也一样。这一点很容易理解。但毕竟,决定一国政策的是领导人,无论是民主制、法西斯独裁制,还是国会制,要驱策老百姓都是很简单的事。无论国民是否提出意见,最终还是会站在领导人那一边。很简单,你只需告诉人们,国家正在被侵略,然后抨击和平主义者缺乏爱国心,导致国家陷于危险之中。这套在任何国家都一样管用。"

我从未听说有谁建个防空洞就能感到安全。也没有哪个现代军人还没有认识到,随着核战时代的来临,军事胜利这个概念已经过时了,甚至大多数平民都明白这一点。最高的智慧之光要求我们不要再酝酿灭绝人类的战争,而应开始准备扑灭战争的火种。

第10章
儿童与和平的道路

孩子们的心灵教育非常重要,许多人一生不变的理念,都是童年时在心中扎根的。最重要的是要记住,孩子们会以大人为榜样学习。无论你口头说的是什么,你的行为才会对他们产生真正的影响。

第10章 儿童与和平的道路

我遇到过一对夫妻,希望教育四个孩子以和平的方式生活。每天晚餐时,他们都会就和平进行长篇大论的说教。可是有天晚上,我听到父亲对着大儿子吼叫。第二天早上,我听到大儿子用同样的调调对小儿子吼叫。这对父母的说教没有产生任何作用,孩子们学会的是他们的所作所为。

孩子们的心灵教育非常重要,许多人一生不变的理念,都是童年时在心中扎根的。如果孩子们认识到,做积极的事情就能得到最多关怀与爱,他们不太可能去做破坏性的事情。最重要的是要记住,孩子们会以大人为榜样学习。无论你口头说的是什么,你的行为才会对他们产生真正的影响。

对于父母来说,这是个很有挑战性的领域。爱之道是未来世界的趋势,你们是不是这样教育孩子的呢?

小孩子在电视上看到那种英雄把坏蛋打死的故事,每每令我感到忧心。这就是在教小孩子相信杀人是英雄行为,大英雄都会这样做,而且这种手段十分有效。这种行为完全能被人们接受,英雄还会流芳百世。

如果有足够多的人实现了内心安宁,多到能够影响电视公司,小孩子就能看到英雄感化了坏人,使他改过向善,也会看到英雄为人类同胞做出一些伟大的贡献。那么小孩子就会形成一种观念:如果想成为英雄,必须乐于助人。

我认识的一位牧师,在俄国待过一阵子。他没见过俄国的孩子玩枪,到莫斯科最大的玩具店去看,发现那里也不会卖玩

越走越平和

具枪或其他武器类玩具。

在美国的整体文化中,有些比较小众的文化,一直传承着和平教育。我认识的一对夫妇,与霍皮族印第安人一起住了十来年。他们告诉我:"和平使者,他们从未伤害过任何人,真是了不起。"

我曾经走过阿米什人的聚居区,他们的社区相当大,宁静、安全、没有暴力。我和他们谈了谈,发现这是因为他们从小就学到,伤害人类是不可思议的事。所以他们绝不可能做出这种事。如果从小这样长大,就能建立起这种理念。

有一次,一位女士带她四五岁的女儿来见我,说:"和平使者,你能不能为我女儿解释一下,什么是好,什么是坏?"我对小女孩说:"伤害别人就是坏的。比如说,吃垃圾食品会为你带来伤害,那就是坏的。"她懂了。我又说:"帮助别人就是好的。比如你把地上的玩具捡起来,收回玩具盒里,这帮了你妈妈的忙,所以是好的。"她也懂了。有时候,最简单的解释是最好的解释。

小时候,我父母要哄我睡觉时,都会很聪明地对我说:"光线暗下来你才能睡得安稳。现在,在这片亲切、温馨、安详的黑暗里睡着吧!"所以对我来说,黑暗始终意味着亲切安详。无论是为了保持体温整夜走路,还是睡在路边,我都处于亲切、温馨、安详的黑暗之中。

孩子们就像植物一样,需要向下扎根,才能向上成长。父母们在生孩子之前,需要好好选择养育儿女的环境。

第11章
改变我们的社会

只有树立起榜样,才能带来改变。

第 11 章　改变我们的社会

曾经有人问我，对于和平解决国际和国内的问题有何想法。我想，制定一种世界语言，能够向世界和平迈进一大步。

我第一次碰到语言障碍，是在说西班牙语的墨西哥，我只能靠翻译手册和微笑与人们交流。后来，在加拿大的魁北克省又遇到了这种情况。加拿大是双语国家，魁北克学校里使用法文，很多魁北克人不会说英文，我还是得带着翻译手册，人们请我吃饭、住宿都要通过手势交流。沟通也只能到此为止了。这使我再次认识到，制定一种世界语言实在很有必要。

我想，应由联合国来任命专家组成委员会，尽快决定哪一种语言最适合。决定了世界语言之后，就可以在所有的学校里面同时教本国语言和世界语言。很快，世界上每个受过教育的人都可以彼此交谈。我想，在实现全世界互相理解的过程中，这将是我们迈出的最大一步，也是朝向世界和平目标的一大进展。如果我们可以互相交谈，就会意识到，虽然我们的不同之处看似很多，但我们的相同点要比不同点多得多。

在民主制度与社会方面

我对民主的定义是：人民自己作主。奴隶才让别人控制自己的生活。只要人们能够在基层公平有效地解决自身问题，就能主宰自己的生活。如果让上层的当权者为他们解决问题，他们就会失去对生活的控制。

越走越平和

我们已经拥有充分的个人民主,比如说,作为群体中的少数可以自由发表意见。我们也拥有充分的政治民主,社会民主正在进步中。如果我们能实现社会民主,评价社会上每个人的标准,就会是他们自身的价值,而不是他所属的群体。在这个方向上我们已经完成了立法。虽然还有很长的路要走,但我们已经启程。

我们最缺乏的是经济民主。这方面我们能掌控的不多,我对此非常关注。要记住,如果我们想要给全世界树立起一个好的榜样,必须进一步完善自我。

让我来讲一个可悲的故事。

有一次,我在别人家的客厅里,看到电视上两个谐星在讲笑话,其中一人说:"公司发给我一个奖章。""为什么?""我找到一个办法,能让我们的产品坏得快一点!"现场观众哄堂大笑。

这不是什么好笑的事。如今原料短缺,能源逐渐枯竭。后代子孙会觉得我们简直是白痴,制造这些过时的废物。没错,每个人都明知我们在做些什么,却能笑得出来。这种心态显然需要修正。

另一件需要解决的事情是失业。20世纪60年代前后,美国有七八百万人失业。这会对人们产生怎样的影响?他们的心理状况日益恶化,因为社会告诉他们,没有人需要他们,世界上没有他们的位置。失业是件可怕的事,我们需要解决这个问题,

第11章 改变我们的社会

而且刻不容缓。

我建议,所有能工作的人在失业一段时间后,都可以申请社区服务工作,设立像福利基金那样的专项基金。这种工作也不必是全职,但他们也能多少赚到一份收入。

只要是心理健康的人,没有谁不想做些有意义的事。我能理解,有少数人心理存在问题,尤其是那些失业许久的人,心理状况已严重恶化。但绝大多数人并非如此。大部分人在有机会做点事的时候,都会马上行动起来。

只有树立起榜样,才能带来改变。如果我有足够的力量,我会把美国塑造成一个温良的好榜样。我会在美国政府里成立和平部,可以做很多有用的工作。研究怎样以和平的方式解决冲突,研究预防战争的措施,研究和平时期的经济调整。和平部成立时不妨大肆宣传一番,然后请其他国家也成立类似部门,与我们一同为和平而努力。我想很多国家都会愿意这样做。各国和平部之间的交流,会成为朝向世界和平迈出的一大步。

我不仅希望看到,美国在全球裁军及世界和平上尽力,也希望看到,美国成为世界上越来越好的榜样。

前两年,有几位外国朋友问我:"苏联已经签署了美苏第二阶段削减战略武器条约(START II),你们为什么不签?你们裁军的意愿难道还不如苏联?"我无言以对。我真希望我们也签了。虽然这只是迈出很小的一步,根本不够,但我们也应该签,之后再致力于促成第三阶段削减战略武器条约(START III)

越走越平和

或别的协议。

联合国也需要改进。全世界的人们都需要学会将全体人类同胞的幸福放在任何群体的幸福之上。我们需要减少饥荒和痛苦。世界各国人民之间进行广泛交流，将带来很大帮助。

有些国内问题也与和平有关，各个群体需要围绕和平做出努力。但美国最重要的国内问题，是把经济调整到和平时期的状态。

社区和平行动

认清世界的问题和解决方式之后，你和朋友们已经做好准备，可以针对你们之前了解的问题，开始采取行动。和平的行动，也就是始终以和平的方式生活。可以采用文字形式，针对你关心的和平法案写信给立法人员；撰写以和平为题的文章寄给报章编辑；和朋友们书信往来时，谈谈自己围绕和平学到了什么。也可以采用各种各样的形式，比如举办以和平为主题的演讲，针对和平进行交流讨论，举办和平展览，等等。也可以投票支持为实现和平做出奉献的人。

与反抗错误的事情相比，为了正确的事情努力时，你所获得的力量要大得多。而且，一旦确立了正确的事情，错误的事情会自然而然逐渐消失。基层的和平工作是非常重要的。所有为和平而努力的人，都属于同一个和平同盟，无论我们是共同

第11章 改变我们的社会

努力还是独自行事。

我刚开始和平之旅时,谈到的一些迈向和平的步骤,现在人们已经在实行,或者至少有了个开始。人与人之间实现更广泛的接触,比如学生交流与文化交流,这方面进展顺利。美国和加拿大的好几所大学,针对怎样以和平的方式解决冲突,正在开展研究以及开设相应课程。

我相信,在当今时代,我们完全可能实现外在的和平。从历史上来看,当人类面临毁灭和转变之间的选择时,往往会选择转变,几乎也只有在这种情况下,人类才会实现转变。所以,如今我们有可能让世界转向一个不同的方向,这种可能性确实存在!

作为世间微不足道的人,让我们不要再感到无助而绝望。记住,只要有足够多的人一同期盼,即使是全球裁军与世界和平这样宏大的目标,也会成真。让我们一同期盼!

第 12 章
和平使者的道路

人生有两条截然不同的道路,每个人都可以按照内心意愿自由做出选择。一条是现成的平坦道路,可以取悦感官、满足世俗的欲望,但这条路无法抵达任何目标。另外一条是人烟稀少的小径,需要"净化"与"放下",但会通向难以估量的心灵幸福。

第12章 和平使者的道路

曾经有人问我:"和平使者是做什么的呢?"和平使者为内心与外在的和平安宁祈祷和努力。和平使者认为爱的道路就是和平的道路,离开爱的道路等于放弃和平之旅。和平使者遵循上天的法则,以接纳的心态在沉静中寻求上天对人生的指引。和平使者会坦然面对生活,解决人生中的问题,深入表面之下探索人生的真谛。和平使者并不追求物质上的繁华,而是简化物质享受,以满足基本需求为最终目标。和平使者会净化身体、思想、欲望和动机。和平使者会尽快消除私欲,忘掉人我之别,放下执着,抛弃负面的感受。

一直以来,和平使者在行走中靠的是坚定的信仰,没有任何有形的支持。除非有人为我提供宿处,否则我会一直行走;除非有人为我提供食物,否则我会始终禁食。必须是别人主动提供的,我不会开口索取。但人们都会主动为我提供!

人们赠送给我的东西,我会转送出去。想要获得回报,必须先付出,让你生活的中心,变成不断地付出、付出、付出。你永远不会付出得太多,你会发现能够付出的,只有自己获得的东西。并非只有圣贤才能过这样的生活,你我这样的小人物也能做到,只要我们愿意主动为每一个人付出。

作为和平使者,我还有一项使命,就是传达心灵的真理。我很高兴接受这项任务,不求任何回报,不需要赞美或荣耀,也不需要金银珠宝。能够遵循上天的意愿,这足以令我感到欣喜。

越走越平和

我有很多东西可以奉献给人们,最关键的,就是遵循上天的法则生活。我会帮助大家看到通往上天、通往内心安宁的神秘道路。免费提供,不收费用。

在我实现内心安宁的时候,也就是我"死去"的时候,过去的我彻底死去。自那时起,我就抛弃了自己曾经的身份。不必探究我的过去,那个死去的我再也不会复活。不用询问我的种种,只需关心我带来的信息。是否记住信使无关紧要,关键是要记住信息本身。

我是谁,你是否知道我是谁,这无关紧要。我的身体这具皮囊,不过是一名身无分文的和平使者,以和平的名义行走在路上。反而是看不到的部分,才是最最重要的。我靠着信仰的力量驱动;我沐浴着最高智慧的光芒;我的精力来源于宇宙无穷无尽的能量;这才是真正的我!

上天想以我为工具做些什么呢?想到这个问题,我总是心怀敬畏。我相信,任何人只要能将自己完全托付给上天,就能有幸为上天所用,也能真正明白一些一般人不明白的道理。也许别人会认为他们自以为是。如果你非常以自我为中心,以为自己什么都知道,可能会被人当作自以为是;但即使你以上天为中心,真正明白了一些道理,也许同样会被不成熟的人视为自以为是。

我的希望是努力达成完美,尽可能与上天的意愿和谐一致,按照我所拥有的最高智慧生活。当然,我还不算完美,但每天

第12章 和平使者的道路

都在成长。如果我是完美的,就会像上天那样无所不知、无所不能。但即使不完美,我也能够做到自己受到召唤去做的事情,能够知道自己需要知道的东西,从而能够承担起自己在神圣计划中的职责。让自己的生活与上天的意愿和谐一致,我切实体验到了这样做所带来的快乐。

对于我的任何赞美,都不会改变我,因为我随即将赞美呈给了上天。我会行走,是因为上天赐予我行走的力量;我能活下去,是因为上天赐予我生活所需的物资;我会说话,是因为上天带给我要说出的讯息。我所做的一切不过是遵循上天的意愿。我的整个生命都是为了这项任务。这是我的使命,我的天职,这是我必须要做的事情。其他任何事情都不可能使我感到快乐。

刚开始和平之旅时,我身无分文地离开洛杉矶,抱着一种信念,相信上天会赐给我所需的一切。虽然我从未要求过什么,但上天在一路上为我提供了一切。不需祈求就能拥有一切。

即使不知道晚上要睡在哪里,何时何地才能吃到下一餐,但我从未因此感到不安。如果你在心灵上能有一种安全感,就不会再觉得需要物质上的安全感。我想,没有任何人比我更有安全感。当然,人们认为我是最贫穷的人,但我却知道自己是最富有的人。我拥有健康、快乐、内心安宁,这些东西,即使亿万富翁也买不到。

我工作的心情轻松愉快。我感觉周围一切都是美好的,遇到的每个人都是美好的，因为我能看到上天存在于万事万物之中。我清楚自己在生命模式中的角色，喜悦欢乐地生活，达成和谐一致。我意识到自己与全人类皆为一体，与上天皆为一体。我心中充满快乐，向所有人、向世间万物传达出我的爱。

为了找到智慧之光，我会直接寻找光源，而非任何间接的反射物。同时我也会按照自己拥有的最高智慧生活，以便让更多的智慧之光照亮我。**真正来自光源的智慧之光，你绝不可能认错，因为伴随光芒而来的，是全面透彻的理解，你可以尽情阐释讨论。**我建议所有能够沐浴智慧之光的人们，都要这样做。有些人聪明无比，很快就能将最高智慧之光应用于实际，这是多么值得庆幸的事。

从外界获得的东西，比如知识，人们虽然相信，但其力量很少强大到能够促进实际行动。然而，从外界获得后再于内心印证的东西，或是内心直接感知到的东西（我就是这样），可以比作智慧。领悟到智慧之后，会自然而然地伴随以行动。

我面对他人时，不会惩罚，不会命令，也不会替他们制定计划。上天赋予我的任务，是促使人们内心中的神圣本性觉醒。我受到召唤，要打开真理之门促使人们思考，把人们从冷漠麻木的状态中唤醒，让他们自行寻找内心中的和平安宁。我力所能及的范围仅此而已，再多就无能为力了。余下的，我会交给更高层次的力量。

信仰，就是相信你的感官尚未体验、头脑尚未理解的事物。

第12章 和平使者的道路

在之前以其他方式进行接触的过程中,你已经接受了这些事物。信仰谈起来容易,真正实践就是另外一回事了。对我来说,信仰意味着人们出于自愿可以主动接触上天;而上天的恩典意味着,上天始终都在人们可以触及的范围内。就我而言,始终与上天或神圣的目标保持接触,是非常重要的。

人们不得不用物质的丰富来掩饰心灵的贫瘠。如果能够实现心灵上的幸福,物质就不再那么重要。但要实现心灵幸福,我们必须有这方面的追求,同时放弃对于物质的欲望。只要我们还存在物质欲望,能够得到的就只有物质,心灵仍旧空虚。

有些人已经超越了自我意愿,成为上天的工具,他们能够完成我们看来不可能完成的任务,而不会为此感到骄傲。现在我已经认识到,自己是这无限宇宙的一部分,与别的灵魂或上天皆为一体。虚幻的自我已死去,真实的自我控制身体的皮囊,为上天效劳。

自从我开始踏上和平之旅后,头发逐渐变成银白色。我的朋友们都觉得我疯了,完全不会鼓励我。他们觉得我这样一直走下去,肯定相当于自杀。但这并不会影响我。我只是继续前行,做我应该做的事。他们不知道,找到内心安宁之后,我感到自己仿佛连接到宇宙能量的源头,永不枯竭。周围有很大压力想让我放弃信念,但我不会动摇。我亲切地告诉这些心存好意的朋友,人生有两条截然不同的道路,每个人都可以按照内心意愿自由做出选择。一条是现成的平坦道路,可以取悦感官、满足世俗的欲望，但这条路无法抵达任何目标。另外一条是人烟稀少的小径，需要"净化"与"放下"，但会通向难以估量的心灵幸福。

每个人心中都存有善的闪光，无论埋藏得有多深。那才是真正的你。当我说到"你"的时候，指的是什么？是身体这具皮囊吗？不，那不是真正的你。是以自我为中心的本性吗？不，那也不是真正的你。真正的你，是你心中神圣的光芒。有些人称之为以上天为中心的本性，也有人称之为神圣的本性、内心的天国。印度教视为涅槃，佛教称为醒悟，贵格教派认为这是内心的光芒，也有些地方称之为内住的圣灵。甚至连心理学家也有个专用名词——超意识。但所有这些指的都是同一样东西，只是说法不一样。重要的是要记得：它就在你心中。

使用哪一个名字无关紧要，但你的意识必须上升到一定层次，能够通过以上天为中心的本性来看待世界。随之而来的，是与整个宇宙合而为一的感受，沉浸在与所有生命完全融为一体所带来的欢欣愉悦之中，与全人类、地球上的所有生物、花草树木、空气、水，甚至地球本身融为一体。以上天为中心的本性随时准备主导你的人生，为你带来荣耀。完全由你自己决定，可以让它主导你的生活，也可以不受它的影响。这始终取决于你自己的选择！

从你读到的所有文章里，从你遇到的所有人中，汲取营养。当你寻求指引和真理时，与其向他人或书籍求助，不如通过自

第12章 和平使者的道路

己的内心追寻一切的本元。只有当你内心中说："这就是真理，这就是我要的"，这才是你自己的体会。就算是你已经读遍所有的书籍，听遍所有的演讲，仍然需要仔细判断什么才是适合你的。书籍和他人只能为你带来启发。除非能够唤醒你的内心，否则你无法获得有意义的领悟。如果要读书，就多读一些，从而尽可能接触各种各样互相冲突的观点。只有这样才能逐渐形成你自己的看法。

想一想生活中所有美好的部分，不要去想难题困境。忘掉你自己，专注于尽可能为这个世界做出奉献。然后，出于比自身更重要的原因，丢弃低等自我，你会发现自己的高等自我，真正的自我。

我所说的这些并不容易做到，但我可以保证，抵达心灵之旅的终点时，你会觉得一切都是值得的。这条道路仿佛翻山越岭，在努力的过程中，登上的每一座山都比之前更高一点。

有人问我收不收"信徒"，我当然不收。追随另一个人不利于身心发展，每个人都应该自己成熟。这个过程需要时间，每个人的成长周期都因人而异。

你为什么要看着我呢？关注自己就好。你为什么要听我说话呢？倾听自己的声音就好。你为什么相信我的话呢？不要相信我，或者任何其他导师，只需相信你自己内心的声音。这才是你的引导，这才是你的老师。你的导师在心中而非外界。了解你自己，而不是我。

你可以与我同行，但不要盲目跟随我。要紧紧抓住真理，而非我的衣角。我的身体不过是一具皮囊，今天还留在世间，明天就化为乌有。如果你今天依赖我，明天我不在的时候，你要怎么办呢？依靠上天，牢记仁爱，只有这样才能与我更加接近。

探寻的道路上，充满了陷阱和诱惑，探寻者必须与上天同行。我建议，要脚踏实地，高瞻远瞩，这样才能坚持善行善念。只要你一心一意地付出，就能敞开自我去接纳；一心一意地按照自己拥有的最高智慧生活，就能让更多的智慧之光照亮你；通过内心尽可能接纳智慧之光。如果这种接受方式有点困难，那就从美丽的花朵或风景、优美的音乐或文字中寻找灵感。然而，这些来自外界的东西，必须经过内心印证，才能与你融为一体。

要记住，一个人之所以会有不良行为，是因为他心理上生病了。对待这样的人，应该像对待身体生病的人一样表示同情。要记住，除了你自己，没有任何人能伤害你。如果有人对你做出卑鄙的事情，受伤的只会是他自己。除非你为此感到痛苦或生气，除非你以怨报怨，否则，你不会受到真正的伤害。

我认为自己应该致力于解决导致种种困难的根本原因——我们的不成熟。只有少数人愿意努力解决这个根本原因。着眼于症状的人，要比关注病根的人多一千倍。我会祝福那些努力消除外在症状的人们，但我还是会继续致力于在内心的层次上消除病因。

大多数人之所以会内心痛苦、难以实现和谐，是因为他们

第12章 和平使者的道路

还没有找到自己的目标和作用,从而导致自己的身体陷入混乱。我们大多数人难以实现自己的预期,更多的是因为无所作为,而非身负重任。"即使世界正在毁灭,我们仍然自行其是,漫无目的,冷漠无情,日复一日。"

我在工作中一贯积极正面。我觉得自己从来不是站在反对的立场上,而是见证和谐的生活。抱有正面态度的人,会提出解决办法;而持有负面态度的人往往则不然,他们只关注错误的地方,评判、批评,有时甚至辱骂。当然,负面的态度对于这个人本身也有害无益,正面的态度则会产生积极影响。邪恶受到攻击时,反而会更加嚣张,虽然它也许原本微弱无力、不成气候,是攻击使邪恶具有存在的意义,力量更大。如果没有攻击,而是在周围环境中施加善意的影响,不仅邪恶会逐渐消失,作恶的人也会慢慢改变。正面的方式带来启发,负面的方式带来愤怒。人们处于愤怒中时,往往会根据低等本能做出暴力、不理智的反应。而人们得到启发时,会以较高层次的本性做出明智、理性的反应。再者,愤怒是暂时的,而启发有时会产生终生的影响。

有一条准则,可以用来判定你的所思所想、所作所为是否能为自己带来好处。**它们是否能为你带来内心安宁?**如果不能的话,肯定存在问题,需要继续探寻!如果你所做的事情能够使你实现内心安宁,那就坚持你的信念。

如果你找到了内心安宁,就能够与他人和平共处。内心安宁并不意味着浑浑噩噩度日，或者以任何方式逃避人生。要实现内心安宁，需要认真面对生活，解决遇到的困难，尽可能深入表面之下，探索生活的真谛。要实现内心安宁，需要严格遵循一些耳熟能详的人类行为准则，比如手段决定结果：只有通过好的方法，才能真正实现好的结果。要实现内心安宁，需要消除私欲，放下执着，抛弃负面的想法和感受。要实现内心安宁，需要为全体生命的幸福而努力。全人类是一个整体，我们都是其中的一分子，所有人都一样，全世界都一样。每个人都需要做出贡献，心里了解自己的贡献是什么。只有当一个人努力的目的不是以自我为中心，而是为全人类做出奉献时，才可能实现内心安宁。

书信往来中的问答

这些年来,和平使者收到成千上万的信件,她认为自己有责任一一回复这些信件。她的朋友在新泽西州科隆市为她转寄信件,使她可以在美国各地的邮局领到邮件。她简洁明了、深入浅出地回答问题,评论时事,介绍自己的近况与动向。她的回信几乎都是这样开头的:"来自南达科他州的问候!"(或爱荷华州、或新奥尔良市……)

问:成功的人际关系,其本质是什么?

答:爱人们,看到人们身上善的一面,认识到每个人都一样重要,在上天的神圣计划中都有自己的职责。

问:心灵成长能够很快完成吗?还是需要一段时间?

答:心灵成长是一个过程,就像身体成长或心理成长一样。5岁小孩不可能一年之内就长得和父母一样高,小学一年级的学生不可能在学期结束时就考进大学,追求真理的学生也不能期待一夜之间就实现内心安宁。我花了15年时间才实现。心灵的成长是个非常有趣和愉悦的过程。不要过于心急,也不要刻意减慢。只需细细体验这个过程,一步步走向内心安宁,让它自然而然地实现。

越走越平和

问：一个人怎样才能找到内心安宁？

答：要找到内心安宁或快乐，必须经历心灵成长的过程，必须脱离以自我为中心的生活，进入以上天为中心的生活。把自己视为整体的一部分，为整体的幸福做出奉献。

问：你曾经说过，完美的爱是快乐的关键。佛陀认为，这是个控制心念的问题——"为了享受健康的身体，带给家人真正的快乐，带给所有的人和平，首先必须约束和控制自己的心念。如果一个人能控制心念，就能找到开悟之道，而所有的智慧与美德也会自然来临。"

答：完美的爱，是衷心付出而不求任何回报。如果你能达到这个层次，就能完全控制心念，以及身体和情感。

问：你说过，你有着自己的使命。是不是每个人都有各自的使命？

答：是的，每个人都有其使命，当他们以上天为中心的本性觉醒时，就会意识到自己的使命。

问：我们存在于人世间，目的是为人类做出贡献以及学习成长吗？

答：是的，而且我们必须遵循自己的使命做出奉献。我们必须学会在生活中与神圣的法则和谐一致——这也是学习内容

书信往来中的问答

的一部分。过着友善和谐的生活,心灵也会成长。

问:人类存在的目的和目标是什么?

答:我们存在的目的和目标,是为了让我们的生活与上天的意愿和谐一致。

问:人们为什么会不快乐?

答:人们不快乐,是因为他们未能与上天的意愿实现和谐。

问:困难的根源,是否在于缺乏自我认识?

答:如果我们的生活与神圣的目标不和谐,就会出现问题,问题会促使我们朝向和谐而努力。

问:在你看来,这个世界最大的问题是什么?

答:世界最大的问题是人类不够成熟。在生活中,我们只应用了自身真正潜能中很小的一部分。我们因不成熟而贪婪,有人攫取的比应得的多,致使他人挨饿。我们因不成熟而恐惧,武装起来彼此对抗,最终导致战争。面对世界上的问题,人们往往只针对表面症状进行处理,但我会选择为消除原因而努力。

问:自我认识的目的,是为了要了解上天吗?

答:如果你真的认清了自己,就会明白自己是上天的儿女,自然而然感受到上天的存在。

问：什么是玄想？

答：通过玄想的方式，能直接体会内心感知到的东西。这是一切真理最直接的来源。

问：你从哪里学到的冥想法？

答：我没有学过冥想法。我只是在沉静中保持接纳的心态，漫步于大自然的美景中，再将得到的美好领悟付诸实践。

问：对于探索心灵的人，你建议用冥想法还是呼吸法？

答：我建议找一段时间独处，或者说单独与上天相处，以接纳的心态，在上天塑造的自然美景中安静漫步。从自然美景中得到启示，以接纳的心态在安静中冥想。步行不仅仅是运动，也是一种呼吸法。所有一切都会融入这种美好的体验中。

问：可以通过冥想来唤醒神圣本性吗？

答：如果你真正进入冥想，你的身体会非常放松，甚至感觉不到身体的存在。你情绪安详，思想平静。等待，抱着接纳之心安静地等待，而非逼迫，你的神圣本性会接收到神圣的讯息。关键的是，要把你领悟到的东西付诸实施。

书信往来中的问答

问：可否描述一下什么是直觉？

答：真正的直觉，是通过神圣本性接收到心灵方面的内容。但我发现，有时候以通灵的方式接收到的内容也被称为直觉。

问：你爱的是全人类，还是一个个人？

答：我对所有的人，都持续不断地以思想、言语和行为，带着爱心和善意，送出祈祷与祝福。这就是对全人类的爱。但每一个人都是全人类中的一分子，履行自己在神圣计划中的职责时，我接触到的只是其中一部分。当他们的生活与我有了交集时，我总是愿意为他们奉献，有时也确实能做到。当我与某一个人相处或联系时，我会把爱心与善意专注在这个人身上，然后用祈祷与祝福把这个人托付到上天的手中。这就是对某一个人的爱。有些人爱全人类，却不爱一个个人；有些人爱一个个人，却不爱全人类。而我都爱。

问：什么是善？什么是恶？

答：简单来说，善就是帮助人，恶就是伤害人。在更高层次上来说，善就是与神圣的目标和谐一致，恶就是与上天的目标缺乏和谐。

问：我经常告诉自己，善比恶强大，爱比恨强大，善必将获胜，但在这个世界上，真的能获胜吗？

答：没错，在这个世界上，善必将获胜。我们在当今世界上看到的黑暗面，是因为违背了善的事物正在瓦解。唯有善能够持久。没错，在这个世界上，爱必将获胜。心怀恨意的人非常不快乐，非常渴望找到更好的方式，虽然他们自己也许没有意识到。只有心中充满爱的人，才能保持平静安宁。

问：怎样戒掉思想和行为上的坏习惯？

答：思想和行为上的坏习惯，会在心灵成长的过程中逐渐减少。你可以努力用正面想法取代负面想法。如果负面想法是针对某个人的，转念想想这个人的优点。如果负面想法是针对世界局势，转念想想在这种形势下可能出现的最好结果。你可以努力改掉不好的行为，把精力用在好的行为上。

问：如果有人做了坏事还不忏悔，你也愿意原谅他们吗？

答：我不需要原谅别人，因为我心中毫无恨意。如果有人做了坏事，我只会对他们感到同情，因为我知道他们是在伤害自己。我希望他们会忏悔，因为我希望他们能够康复。

问：对于改进医疗保健的问题，你有什么看法？

答：医疗保健中心有必要逐渐开始注重怎样实现并维持健

康，这需要与物理定律和心灵法则达成和谐一致，并始终保持下去。这就是未来的医学方向。以前的做法往往是任由人们生病，然后再想办法帮助他们。我相信，医疗研究的重点应该是，如何让人们保持良好的健康。我们长久以来一直只关注如何减轻症状，现在，让我们努力消除病根吧。

问：心灵本性的目标，是否在于从肉体或物质本性中解放出来，从而更清晰地认识到真理？

答：心灵本性确实能够清晰地认识真理。如果你让心灵本性来掌控自己的生活，就会看到真理。你的意思也许是，心灵本性想要让你摆脱以自我为中心的本性，从而使你的整个生活都能与神圣的目标和谐统一。

问：如果可以假设，每个人都具有心灵本性，那为什么只有很少的人能够体会到？是因为上一世的罪行被惩罚，抑或只是这一世未能觉悟？

答：那是因为人们具有自由意志。做出错误的选择，等于是在惩罚自己。他们始终都可以选择觉悟，但他们拒绝接受。因此，既然他们拒绝做出正确的选择，就只能面对各种问题，再从中学到教训。

问：为什么这个世界如此混乱？

答：人们违背了神圣的法则，就会出现各种问题，促使人们趋向和谐。如果你能意识到，与整个宇宙来比，地球上的生命何其短暂，你就不会再为地球上的问题那样苦恼。那就像某一天中遇到的麻烦一样，不算什么。

问：智慧的光芒何时才会照耀？

答：如果你的觉悟已经达到了一定高度，能够透过以上天为中心的本性来看待一切，这种状态一般被称为感受到智慧的光芒。

问：你有没有经历过神圣的启示？如果有的话，为什么上天会选择你向人们传达心灵层面的知识？

答：我有着非常强烈的内心动机，或者说使命，要走上我的和平之旅，于是我罔顾所有朋友的意见，义无反顾地出发。当我让自己的意愿完全顺从上天的意愿时，就会被上天选择成为接受心灵真理的人。你也能做到。我们所有人都有着同样的潜力。上天会对任何寻求真理的人给予启发，上天会对任何愿意倾听的人说话。如果你能让自己的意愿完全顺从上天的意愿，你会开始一段非常繁忙、同时也非常美丽的生活。

问：以自我为中心的本性是个幻觉吗？

答：以自我为中心的本性是暂时存在的，就像我们的身体

书信往来中的问答

也是暂时存在的一样。但它什么时候才不会再主宰我们的生活，完全取决于我们自己。

问：有没有"对自己负责"的法则？

答：你要对自己的行为负责，对需要行动时自己有无反应负责。合理生活，不仅是为了全人类，也是为了你自己。

问：你心中的乌托邦（理想世界）是什么样子的？地球上有没有可能出现乌托邦？

答：等到我们学会分享、学会不再自相残杀时，外界的乌托邦就会出现。等到我们所有人都找到内心安宁时，内在的乌托邦就会出现。我们很多人必须进一步实现内心安宁，外界的乌托邦才有可能成真。我们可以展望外界的乌托邦，而内在的乌托邦需要更长的时间才能实现。

问：上天是否一直陪伴着我？

答：想象上天如同神圣的海洋，而你是其中一滴水，具有自由意愿。你可以选择脱离大海，但那样你不可能快乐。你也可以选择成为大海的一部分，那就必须放弃你的自由意愿。但如果行事与上天的意愿和谐一致，你会感到非常快乐。这时候，你会意识到自己是上天的一部分，与上天融为一体。

问：什么是精神生活？

答：就是无法用五种感官察觉的事物。精神是持久不灭的，物质则不行。

问：我怎样才能找到心灵的真理？

答：归根结底，你会通过自身的崇高本性找到心灵的真理。你的崇高本性犹如一滴水，能与上天这片大海相通。有时候，优美的环境或音乐会带来启发，能够唤醒崇高本性，使你洞悉真理。有时候，你读到真理的文字或听到真理的话语，再由崇高本性加以印证。也有可能，在崇高本性觉醒后，直接在内心中感知到真理，比如我就是这样。所有带来启发的著作都是源于内心的，你也一样可以从内心找到真理。要静心领悟。

问：人们的心灵变得更加美好的过程，是否一定是痛苦的？

答：除非你心甘情愿实现上天的意愿，完全无须勉强自己，否则，心灵成长的过程中确实存在痛苦。如果你与上天的意愿尚未达成和谐一致，就会出现问题，目的在于促使你实现和谐。如果你自愿遵循上天的意愿，就不会有问题出现。

问：我是否会达到一种境界，从此安定下来不需再转变？

答：实现内心安宁之后，你不会再感到需要转变。遵循着神圣本性的指引，你会感到满足。但你仍然会继续成长，和谐一致地成长。

问：我非常孤独，该怎么办？

答：你从未真正孤单，上天始终与你同在。尽可能与上天建立起良好的关系。从书本、音乐中汲取灵感。打个电话问候一下卧病在床的人，或者去拜访孤独的人。我们通过付出而有所收获，孤独就会因此消失不见。

问：你是怎样一直保持健康快乐的？

答：我能够如此健康快乐，是因为我始终与上天和谐一致。也就是说，我会遵循上天的心灵法则：我活着是为了做出奉献，我不会产生负面的想法，等等。同时，我也会遵从上天的身体法则：我不会做有害健康的事情，只做有益健康的事情。健康的身体与快乐的心境，就是我得到的回报。

问：平凡的家庭主妇和母亲，怎样才能像你一样获得内心安宁？

答：你和绝大多数拥有家庭的人一样，也能通过我的办法找到内心安宁。遵循上天的法则，这一点对所有的人来说都一样——不仅是物理定律，也包括控制人类行为的心灵法则。你可以像我一样，首先在生活中践行所有你相信正确的事情。找到你在神圣计划中的位置，融入其中，每个人都会有自己独一无二的位置。或者仿效我,以接纳的心态在沉静中探索。拥有家庭,并不会阻碍心灵的成长,在某些方面甚至会有所帮助。解决问题会使我们成长,而家庭会带来很多需要解决的问题。人们建立起家庭之后,往往会实现第一次突破,从以自我为中心转变为以家庭为中心。纯净的爱,是全心全意地付出,完全不求回报,而家庭会让你第一次感受到纯净的爱——父母对子女的爱。

问:你为什么吃素?怎么确保自己一直坚持下去?

答:我尽可能坚持素食。如果我相信什么事是对的,绝不会因为无法做得完美就不去做。我认为,让别人替我去做"肮脏事"是不应该的。我不杀生,我也不会让别人为我杀生,所以我不会吃荤。

问:我丈夫必须动手术,但他打算延期。我该怎么办?

答:如果你丈夫一定要动手术的话,关键是让他尽可能不要担忧害怕。我认识的一位女士,也面临过类似的问题。她和她丈夫一起讨论,说服他相信,上天希望我们尽可能好好对待自己。于是他们开始制定和实施对自己最有益的饮食习惯和生活习惯。他们计划找个优美宁静的地方来度过康复期,也计划之后来一次美妙的旅行。他变得迫不及待想要快点动手术,快点好起来,好享受这些计划。结果,手术这件事变得没那么严重了，康复过程像是度假，而后来的旅行仿佛重度蜜月一般。

问：我和所有不吸烟的人，非常感谢你在聚会中请人们不要吸烟。但我想知道，你对吸烟的人是否仍然抱有爱？

答：和平使者的任务是唤醒冷漠麻木的人，促使他们思考，同时也要对人们抱有爱的态度。有时候，这两方面似乎有所冲突。不过，如果我看到一个小孩要去碰滚烫的炉子，肯定会尽力阻止。我这样做是出于爱，虽然那个孩子也许会不高兴，甚至大叫。最近有位女士写信告诉我，上次因为她吸烟，我拒绝坐在她旁边。晚上她好几个小时睡不着，一直在想这件事，第二天就戒烟了。

问：我丈夫吸烟，可是我无法忍受烟味，你能不能告诉我该怎么做才好？

答：显然，你对香烟的气味敏感，所以没办法待在有人抽烟的屋子里。有些烟，比如烧木头的烟，是无毒的，但是燃烧烟草产生的烟是有毒的，对任何人都没有好处。如果你丈夫能够戒烟，当然对你们两人都是最好的，但如果他不打算戒的话，和你在同一个房间里时，他不应该吸烟。能不能让他在室外吸烟，或者在屋里屋外留出一块专门的吸烟区？不要为这个吵架，最好把精力用在寻找解决办法上面。

问：吸烟、喝酒之类的欲望，怎样才能转变而非压抑？

答：对于吸烟喝酒这类事，我会直接戒掉，就像我很久以前一下子就戒掉了喝咖啡的习惯。不过也有些人喜欢使用某种替代品。我刚认识的一位女士，就是用薄荷茶来代替咖啡。另一位女士则用果汁来代替水果酒，她说，甚至连她的朋友们也都没发现。还有一位男士，把一些葡萄干和干果放进原来装香烟的小盒里。办法总是有的。

问：我们应该向外寻求还是向上寻求？

答：我们应该始终向上寻求智慧之光。向外，则是对于需要帮助的人付出爱心。当一个人在心灵的道路上前进时，会向上寻求指引，向外注重付出。因而，一路上相伴的不仅仅是那些高层次的、我们学习的对象，同时也包括前来求助的、层次较低的灵魂。

问：如果你在心灵上已经成长起来，为什么还籍籍无名？

答：绝大部分已经实现内心安宁的人，都是默默无闻的。

问："救世主"这个概念是否不成熟？

答：不成熟的人会寻找救世主，却不去寻找自己内心的基督。我指导人们如何在生活中与上天的法则和谐一致。每个人都具有神圣本性，你也可以让它来主导你的生活。

书信往来中的问答

问：人为什么会设立教条？

答：教条不一定是人们有意设立的，它可能源于麻木、恐惧与不成熟。它有时会被不道德的人用来对付不成熟的人。人们会信奉教条，是因为他们被训练这样做。

问：能不能描述一下，什么是教条？

答：去掉任何信仰中心灵真理的精髓，剩下的就是教条。

问：科学与宗教是否冲突？

答：你大概是指科学从实际出发，而宗教遵循神圣的指引。二者都能得到相同的结果，但科学花费的时间会比宗教长得多。

问：能不能描述一下心灵的进化？

答：如果你的生活能够与神圣的目标和谐一致，遵循对所有人都一样的神圣法则，履行好自己在神圣计划中独一无二的职责，就能实现心灵的进化。

问：宇宙的诞生，真的是源于大爆炸吗？

答：宇宙是由我们如今尚无法想象的智慧所创造的。能够在宇宙中学习与成长，是我们难得的机会。

问：宇宙的本质是什么？

答：宇宙的本质是不断的进化，自我改善、以臻完美。

问：这个物质的宇宙是什么时候创造出来的，将在什么时候毁灭？

答：我们仍不知道宇宙起源的确切时间，虽然我们对此做了不少研究。当然，我们也不知道终结的时刻，但这方面我们思考得不多。我们只能说：宇宙之所以出现，是因为它有必要存在，没有存在的必要时，就会终结。此时此刻，宇宙的存在是非常有必要的，我们必须学会活在当下，而非活在过去或未来。当然，还有另一件我们必须认识到的事情，人类富有精神内涵，事实上，这是我们需要学到的最重要的一点。你可以说，这是我们的目标——进化的目标。不过，我们当前的目标是在生活中与神圣的法则和谐一致，承担我们的人生职责。

问：你相信天堂和地狱吗？

答：天堂和地狱都只是生命的状态。与上天的意愿和谐一致即为天堂，与上天的意愿相违便是地狱。不论是生是死，你都可能身处天堂或地狱。并不存在永恒的地狱。

书信往来中的问答

问：我们在这一世之前和之后有生命吗？在这一世有生命吗？

答：有一种观点是，把你这一世的经历看作某一天——这一天之前有很多天，之后也有很多天。就像你能认识到，昨天的所作所为会影响明天，我的观点是，前世的经历会影响这一世，现世的经历也会影响来世。对于持有这种观念的人来说，世界秩序井然，公平合理，按照法则运转。遵循法则就能实现和谐，违背法则就会带来混乱。视野未能超脱这一世的人，无法看到这一点。在他们看来，这个世界肯定非常不公平，非常混乱无序。

问：人为什么害怕死亡？

答：几乎所有的恐惧都源于未知。人们会害怕死亡，是因为死亡时的情况属于未知的范畴。不过，我曾经历过死亡这个过程的初期——那是一个暴风雪的夜晚，我几乎快要冻死了——但我并不害怕。那天晚上我经历了死亡转换的开始阶段，那是一段美好的体验。我会期待这个名为死亡的转换过程，视之为人生最后的探险。当我心爱的人们经历这种荣耀的转换，进入更自由的生命时，我也会欣然面对。了解你害怕的事物，就能克服恐惧。

问：如果一个人害怕死亡，是否意味着这个人缺乏自我认识？

答：害怕死亡意味着你认为自己的存在由肉体决定，而非心灵，这的确是缺乏自我认识。

问：你认为灵魂能够在命中注定的时刻之前离开肉体吗？

答：宇宙的运转确实遵循一定的法则，这一点没错。有些生命来到尘世只会停留很短的时间；有些在完成特定的事情之后就会离去；有些会停留到身体无法再坚持为止。你来到这世间，可以是为了学习，为了偿还业债，为了奉献，或者三者的结合。对于这一切，你完全拥有自由意愿。如果你能好好照料自己的身体，就会比胡乱折腾活得更久。思想与情感也会起到一定作用。可见，凡事其实只是"有条件的命中注定"。只要你愿意，就可以活得久一点。

问：如果心灵的本性是不朽的，身体死亡之后会怎样？每个身体里的心灵本性，都一定是好的吗？

答：如果心灵本性已经完全战胜以自我为中心的本性，那么心灵本性——真正的你——就会进入心灵的领域，而非心理的领域。这时无须再留在尘世，可以开始学习其他内容。心灵本性始终是善的，始终与上天的意愿一致。只有以自我为中心的本性，才会一会儿消极，一会儿善与美，一会儿偏离和谐。

书信往来中的问答

问：什么是业？

答：业就是因果报应——种因得果——跨越多次轮回就能看得明白。因为憎恨别人而患上溃疡的人，亲自证明了因果报应的法则（如果他们能看到这一点）。

问：有些问题似乎是遗传或慢性疾病，那也是业吗？

答：人生中遇到的每一个问题，都有其目的，你通过解决问题而学习、成长。如果以正确的态度来看，你所面临的问题，没有你不能解决的。如果你碰到了很大的困难，意味着你有足够的内心力量，可以解决这么困难的问题。始终伴随你的一些问题，确实属于业，遵循因果报应的法则。可以说，你来到这世上就是要面对这些问题，关键是要把这些问题解决掉。这至少是你来到这世上的原因之一。有些问题是这一世的生活造成的，比如错误的饮食习惯，或者错误的思想和感受。这些问题也许是由垃圾食品，或者无益的想法（比如憎恨）导致的。如果有些困难是遗传导致的，要记住，是你选择了自己出生的条件。我希望所有人都能彻底康复，不是用药物把症状压下去，而是消除病根。我希望你能受到启发，养成健康的饮食习惯；我希望你能受到启发，抛弃自己所有的负面思想和感受；我希望你能受到启发，让生活中充满美好的事物，如大自然的美景、振奋精神的音乐、优美的文字、有意义的活动等。远离一切会使你层次下降的事物，始终坚持能够提

越走越平和

升心灵层次的事物!

问:如果想"偿还"恶业,最好的办法是什么?

答:清除恶业最好的办法,是尽可能为人们做出奉献。付出得足够多时,你会认识上天,实现内心安宁,因为有舍必有得。

问:我有可能回忆起前世吗?

答:等到你已经学会了来到人世间需要学习的东西,你很可能会忆起前世的一些经历。但在此之前,最好不要知道这些事情。因为如果你已经知道了答案,就不太可能认真地去解决问题。有一首古老的赞美诗说:"我不求看到远方的风景,只要一步一步走好。"这句话充满了智慧。

问:我的神圣本性能控制我的愤怒吗?

答:你的神圣本性能够掌控你的身体、思想和情感。你的以自我为中心的本性做不到这一点,只能在一定程度上控制。不要压抑愤怒的能量,这样会伤害你的内心;但也不要发泄出来,这样对你的内心和周围的一切都会带来伤害。应该用愤怒的力量来做一些需要做的事情,或者有益的运动锻炼,从而转化愤怒。一旦你认识到,别人会做出不友好的事情,在一定程度上是因为存在心理疾病,愤怒就能转变为同情。

书信往来中的问答

问：人们怎样才能增强自信？

答：如果你能认识到自己是谁，自信心就会增强。你是上天的子女，你也有能力承担起这个角色。

问：为什么有那么多人抱怨财务困难？

答：很多人所说的财务困难，意思其实是他们想要的比实际需要的更多。对我而言，把生活水准降到最低需要的层次很容易：我只是觉得，世界上还有人未能实现温饱的时候，我不能接受超过生活必需的东西。环顾周遭，我发现人们的大部分债务并不是因为生活必需品，而是因为买了些没有必要的东西。人们为什么会想买这些呢？有时候是因为自我放纵，除非严格自律，否则人们永远也认识不到自己追求的是什么。有时候是为了向别人炫耀以实现自我满足，除非由更高层次的本性主导生活，掌控低等自我，否则他们同样永远也认识不到自己追求的是什么。没错，有些人希望靠物质上的安全感来弥补心灵上安全感的缺乏，但这是行不通的。出现财务困难是在告诉我们，不应专注于物质，而应专注于心灵。我相信你也清楚，生活中遇到的困难都有其目的，这些困难会教我们学到一些东西，在上天的帮助下，我们最终都能解决这些困难。

问：我们应该以怎样的态度来对待物质？

答：如果我们可以物尽其用，使用物质而不执着于物质，我们会变得多么自由。这样，不需要的东西就不会成为我们的负担。如果我们能够认识到，每个人都是人类整体中的一分子，我们就会希望所有人都拥有足够的物质，不至于有些人太多，有些人太少。

问：怎样对待大毁灭的预言？

答：要记住，思想的力量很大，只去想可能发生的最好结果，始终惦念着你希望发生的好的事情。切记，你通过思想创造自己的内心状态，同时也共同创造出你周围的外界环境。我们所有人都在共同做出一个重大抉择。要记住，黎明前是最黑暗的时刻。

问：我的孙子来到了这个充满暴力的世界，我该怎么做？

答：为什么不这样想，你的孙子来到了一个有着上天存在的世界？上天的法则始终都在起着作用，一切与之不和谐的事物都会逐渐消失。我们所看到的黑暗，正是由于违背上天法则的事物正在瓦解。"上天未曾死去，也未曾沉睡……错误的必然失败，正确的必将获胜……世界恢复和平，善在人心。"怎么可能会有人怀疑上天的意愿终将实现这件事？只是这个过程有多快，将取决于我们自己。

问：你对以下问题的解决方案是什么？

能源危机

答：应该深入研究各种清洁的能源——太阳能、风力、水力（包括潮汐力）。有些地区还可以使用热能。我曾经在一个牧场住过，那里完全靠太阳能板和两架风车提供所需电力。

恐怖主义

答：恐怖分子是极端不成熟的人，往往也被灌输了错误的观念，认为邪恶可以通过更强大的邪恶来战胜。需要为他们安排治疗计划，帮助他们的心灵得到康复。

有组织的犯罪

答：有组织的犯罪是一个社会不成熟的表现，因为成功以金钱和物质来衡量。需要为他们安排治疗计划，帮助涉及其中的人得到心灵康复。

帮派及帮派火并

答：只要为孩子们提供良好的环境，有足够的地方给他们玩，为他们安排有意义的活动，我们就可以防止青少年帮派的产生。

职业倦怠

答：很多人产生了职业倦怠，是因为他们所做的工作并不是自己真正受到召唤去做的事情。人们应该去做自己最喜欢做的事情，而非最赚钱的。

越走越平和

嫉妒

答：不成熟的人才会嫉妒，因为他们不知道，自己其实和其他任何人同样重要，有着同样的潜力，在神圣计划中有自己的职责。

憎恨与种族主义

答：你可以用爱来战胜恨。憎恨伤害的是心怀恨意的人，而非憎恨的对象。抱有种族偏见的人伤害的也是自己。受到歧视的人也可以做出选择：他们可以因为别人的歧视而怨恨或愤怒——这样的错误反应会伤害到自己；也可以在这种情况下振作起来，心灵更加坚强。

挫败感

答：以自我为中心的本性在不顺利时会产生挫败感。较高层次的本性更有耐心，知道只要心态正确，所有的问题都能解决。

苦难

答：这是一个有秩序的世界，我们在生活中遇到的苦难都有其目的，是希望教会我们一些东西。我们应该寻找苦难中的经验教训。

问：你是自由派还是保守派？

答：我希望保留好的事物，在这方面我是保守派；我希望改变应该改变的事物，在这方面我是自由派。

书信往来中的问答

问：你的政治理念和社会理念是什么？

答：我们的政治与社会秩序必须与神圣的目标和谐一致。

问：你对资本主义怎么看？

答：如果你所说的资本主义，是指我们目前造成失业、为消耗而生产的经济体系，那当然是需要改进的。需要进一步分权，如果职员也是老板，就能避免很多摩擦。资本主义往往意味着竞争，而未来更需要的是合作。

问：你认为民主是政府的正确形式吗？

答：如果民主是人民做主的意思，这确实是政府的正确形式。我相信的是完全的民主，个人、政治、社会、经济各方面都实现民主。我们现在还未能实现，但如果真能拥有这样的民主，将与神圣的目标和谐一致。

问：什么是"左倾"？什么是"右倾"？

答：希望推动社会加速改革的人，而非顺其自然发展的人，通常被称为"左倾"。希望一切维持原貌，或想要时光倒流的人，通常被称为"右倾"。一般来说，二者有个共同点：都相信一个错误的观念，"为了正当的目的可以不择手段"。这是一种战争理念。而我相信，你使用的手段，将决定取得的结果。这是和平的理念，也是所有真正宗教的理念。你的神圣本性自然具有和平的理念。

问：学习空手道之类的武术，用来防身自卫，是不是一件好事？

答：我的武器是爱，从未想过学习其他任何防身术。只有不成熟的人与心怀恐惧的人，才会去学空手道和其他防身术。

问："消极被动"是否意味着和平？积极进取是否意味着好战？

答：可以说，一个消极被动的人不使用暴力，是出于软弱，而一个爱好和平的人不使用暴力，是出于原则。一个积极进取的人也许愿意度过和谐一致的生活，但其行为会比较容易引起冲突。

问：男人犯下了美国88%的罪案，也是所有战争的主力，当然也有一些例外。但你是否认为，整体而言女人比男人更成熟、更守法？女人的心灵进化程度是否较高？

答：男人一向被教导，他们必须坚强，在生活中遵循爱的法则，就成为软弱的象征；而对女人而言，在生活中遵循爱的法则是完全没问题的，事实上，很多时候人们就希望女人这样做。男人在心灵方面的潜力和女人一样，但由于男人的态度更加争强好胜，他们往往不易实现心灵的成长。美国的传统是由男人上战场,但在某些国家,女人也会参战。

问:**孩子做错事时,父母应该怎样处罚?**
答:用奖励的方法效果最好,处罚反倒事倍功半。

问:**什么是不道德?**
答:有时候,人们所说的不道德,指的是有违社会习俗。但真正的不道德,是违背神圣的目标。

问:**思想是否如同一块"空白的写字板",用来写下生活经历?**
答:思想是一种工具,可以为以自我为中心的本性所用,也可以为神圣的本性所用。没错,它当然会受到生活经历的影响。

问:**你对于"梦"是怎么解释的?**
答:大部分的梦代表心理范畴中无意识的徘徊,或者生理、心理、情感上的压力导致的幻觉,应该立即忘掉。偶尔会出现有含义的梦,那是你不可能忘记的。

问:**你需要谋生吗?**
答:我谋生的方式比较少见。我通过思想、话语和行为尽可能为我接触到的人、为全人类做出奉献。作为回报,我接受人们想要给我的,但我不会主动要求。这些人因付出而得到祝福，我也因付出而得到祝福。

问：你为什么没工作？

答：我没工作吗？我每周工作七天，每天工作16个小时。也许你的意思是，我为什么不赚钱。我不需要赚钱，我所需要的一切都已经有了。我也可以选择另一种方式度过人生。如果我愿意，我可以合法地靠纳税人来生活（社会福利金），但这些钱人们付出得不情不愿。我更愿意靠人们心甘情愿付出的报酬来生活，付出的人也能因此得到祝福。我爱我的工作，我有要做的工作。比如我所做的演讲，有些人演讲收费很高，但我从来不接受报酬。我回复许多来信，通过书信往来为人们提供咨询。不少人会收很高的咨询费，但我不会为此接受钱财。我现在还会组织教育启发的静修之旅，效果很好。还记得去阿拉斯加那一次，参加的人都得到了启发和提升，似乎每个人都在考虑做些善事，或者为人们奉献。我相信，参加阿拉斯加之旅回来的那批人，现在有些已经开始帮助别人了。

问：你为什么不接受金钱？

答：因为我讲的是心灵的真理，而心灵真理是不能出售的，贩卖真理的人心灵方面会受到损害。随信附来的钱我会收下（不会主动索取），但不是用在自己身上，是用来印刷和付邮资。想要用钱买到心灵真理的人，是希望在自己准备好之前就求得

书信往来中的问答

真理。但在这个一切井然有序的宇宙中,在他们准备好的时候,会自然而然找到真理。

问:"不要用钱购买心灵真理",是怎样的理念?

答:不要用钱购买心灵真理,其理念在于:拥有心灵真理的人不会出售,出售心灵真理的人其实并不拥有这种东西。真理是"无价的珍宝"。一旦你做好了准备,会自然而然找到心灵真理。换句话说,随着你的付出,你也会获得回报。但付钱并不等于付出。如果你从一个人那里获得了什么,也不一定要为他付出,因为我们都是人类整体中的一分子,为谁付出并无不同。

问:你不会感到孤单、沮丧、疲惫吗?

答:不,我从来不会孤单、沮丧、疲惫。如果你在生活中始终与上天保持交流,你就不可能孤单。如果你能认识到上天的宏伟计划,知道一切正当的努力都会带来好的结果,你就不可能沮丧。如果你找到了内心安宁,与宇宙能量的源头连接起来,你就不可能疲惫。

问:你从哪儿学到你说的那些东西?显然,你已经找到了我们所有人都在寻找的东西,你无权隐瞒这些信息的来源。

答:我从来没有隐瞒这些信息的来源。为了找到智慧之光,我会直接寻找光源,而非任何间接的反射物。同时我也会按照

越走越平和

自己拥有的最高智慧生活，以便让更多的智慧之光照亮我。真正来自光源的智慧之光，你绝不可能认错，因为伴随光芒而来的，是全面透彻的理解，你可以尽情阐释讨论。

问：你多大年龄？

答：和平之旅的一路上，有很多人问我的年龄。我告诉他们我不知道，也不想去算。我知道自己的出生日期。那个日期在我的记忆边缘漂浮，但我不打算说出来。这有什么意义呢？还有很多人在猜我的本名是什么。最有意思的猜测认为我是那个失踪的美国女飞行员阿梅莉亚·埃尔哈特。我很感恩，现在我已经完全不会去想年龄。如果我计算生日，开始想到自己越来越老，我就真的会变老。年龄只是个心理状态，我会把自己想象成永不变老。我也会建议别人这么想。活到你自己想要保持的那个年龄，之后不再去想年龄的事。

我也不会泄露我的星座。你们真的认为我会被一颗星星左右吗？上帝啊，你们的神圣本性始终都是自由的，只有以自我为中心的本性才是不自由的。我不说出星座有两个理由。首先，一些商业占星师很可能会给我排星图算命，那可真是浪费时间。再者，如果人们都知道了我的生日，我就会被生日卡淹没了，就像现在被圣诞卡淹没一样，每年还得再多留出两个星期用来回复贺卡。

书信往来中的问答

问：你的真名和出生背景是什么？

答：除了和平使者，我没有别的名字。我没有家，只有一个转信的地址：美国新泽西州科隆市。关于我的出生背景，我只想说：我出生在一个很穷的家庭，没接受多少教育，没有特别的才华。不过，我过的是上天指引的人生。

问：你有没有孩子？

答：我此生的使命，不是以家庭生活的模式度过。这是大部分人的生活模式，谈恋爱，然后建立家庭。但这不是我的使命，有少数人的使命与家庭无关。有些不结婚的女人，是所谓的厌恶男人的女人，不过我不是，从来不是。我一直与男人们相处得不错。

问：你怎么会这样充满精力？

答：在你找到内心的安宁之后，就会拥有无穷无尽的精力。因为付出越多，得到越多。在你找到了此生的使命之后，你会轻松愉快地为之努力，从来都不会感到疲劳。

问：代沟是否会阻碍你与学生们交流？

答：我想，问题并不在于代沟，而在于价值观念的鸿沟。学生们反抗社会上一些错误的价值观，比如战争、偏见、唯物质论、伪善。我肯定也不认同这些错误的价值观，所以我和学生们相处完全没问题。

问：你相信占星学吗？

答：至今为止，占星学的解释，都是关于以自我为中心的本性掌控生活。相信占星学的人会沉浸在以自我为中心的本性中，无法超越这个层次。

问：遇到问题时，我可不可以用智力来应付？

答：如果是你遇到健康上的问题，问问自己："我是否一直伤害自己的身体？"如果你遇到财务上的问题，问问自己："我有没有量入为出？"如果你遇到心理上的问题，问问自己："我有没有如上天期望的那样富有爱心？"你此时此刻的行为，会创造未来。所以，善用现在，创造美好的未来。

问：我对别人的言语和行为，会做出不恰当的错误反应，令我感到十分困扰。

答：如果你真的理解了一切，你所有的错误反应都会转变成同情。引起你错误反应的那些人，他们未能实现和谐，尤其需要爱。没错，抱有爱心是最重要的。带着爱面对一切情况，你就能应付自如。如果有人对我做出最糟糕的事情，我对这个人只会感到最深切的同情，并为之祈祷。我不会用怨恨或愤怒之类的错误反应来伤害自己。

书信往来中的问答

问：自律真的值得吗？

答：走在通往内心安宁的道路上，感觉不是那么轻松，但一路走来回头再看，你会想：为何我这么轻松就能得到内心安宁这种最大的祝福？

问：如果有人饮食不加节制，而且吃的食物也不恰当，该怎么办？

答：如果这个人已经认识到这一点，也希望加以改变，也许可以先从只吃有益健康的食物开始。把食物视为人生中不重要的一部分，让你的生活中充满其他有意义的事情，那你就几乎没时间去想食物了。

问：如何生动地宣扬和平理念？

答：我想，要生动地宣扬和平理念，有一种方法是巡回剧场。我已经考虑了很久，可以通过艺术来宣传和平。会来听演讲的人数量有限。如果能制作一本简单有趣的小册子，分发给人们，会有更多的人阅读全部或一部分内容。如果能上广播或电视宣传和平讯息，也会有更多的人听到、看到。然而，如果是以戏剧或木偶剧的形式到本地来演出，几乎所有人都会去看的。

问：我们应该为自己的思想和感觉负责吗？这与为自己的行为负责，有无本质区别？

答：从心灵上来说，负面的思想与感觉为你带来的痛苦，与错误的行为带来的痛苦是一样的。但最令人痛苦的还是明知故犯。没错，在这三个方面你都应该为自己负责。

问：退休对于一个人来说意味着什么？

答：退休并不意味着什么都不用做了，而是做的事情不一样了，你可以更加全心全意地奉献人生服务大众。因此，这段时间应当是你人生中最美好的时光，是你忙碌得最开心最有意义的时候。

问：我的人生好像很空虚，该怎么办？

答：如果你感到人生空虚，这正是个绝佳的机会。大部分人的生活，都已经或多或少塞满了不是那么有益的东西，如果你的生活还是空荡荡的，正好可以抓住机会，只把有益的东西塞进去。

问：我觉得自己被人利用的时候，该怎么办？

答：问问自己，别人对你的要求是否合理。如果合理，为他人奉献会使你在心灵上成长；如果不合理，你必须学会，在抱有爱心的同时，怎样说"不"。

书信往来中的问答

问：怎样才能战胜恐惧？

答：我会说，只要你对人类同胞抱有爱心，就不会害怕他们——"完美的爱会驱散恐惧"。对上天保持顺从的心态，你会始终感到上天与你同在，恐惧会自然消失。如果你认识到，身体这具外在的皮囊会被摧毁，而驱动身体的那个真正的你是不会被摧毁的，又怎么还会感到恐惧呢？

问：我怎样才能克服一些微不足道的恐惧，比如晚上一个人在外面怕黑？

答：我一直觉得黑暗是友好的。黑暗为我们提供了如此安详的睡眠环境。我建议你，不妨看着天色渐渐变暗，欣赏日落的美景，寻找第一颗星星。熟悉黑暗，因为恐惧往往缘于未知。

问：心理学家说，所有人都存在恐惧，但你说自己不怕任何事物，甚至连死亡也不怕。你是怎样让自己毫无畏惧的？你对自己思想的控制力是否比大多数人更强？

答：我们小的时候，都会在学习中感受到各种各样的恐惧。你的思想、身体、情感，只能由神圣的本性控制，而非以自我为中心的本性。如果你真正爱着人们，就不会害怕他们。如果你的生活与神圣的意愿和谐一致，恐惧自然就会消失。如果你认识到自己的内在是不朽的，就不会害怕死亡。你会害怕，是因为你的生活仍然被以自我为中心的本性掌控。也许你可以通过大量心理上的努力，训练自己不要流露出恐惧，但只有当你被神圣本性主导时，才能完全不会感到恐惧。

问：怎么做才能使我的人生更有意义？

答：在和平之旅开始的15年前，我感觉自己想要完全自愿、毫无保留地奉献一生，于是我开始为付出而生活，不再为索取而生活。每天早晨，我想到上天，想今天可以做些什么事情为上天的孩子做出贡献。身处每一个环境中，我都会关注，可以做些什么事情为人们奉献。每天，我都尽可能地做好事，也不会忘记，友好的话语和愉快的笑容是多么重要。对于我力所不能及的事情，我会祈祷，正当的祈祷能够带来正确的行为。我的生活因此焕发了光彩，你也不妨试试看。

问：我怎样才能开始真正的生活？

答：我开始注意四周状况，思考在当前情况下可以怎样为人们做出奉献时，我就开始了真正的生活。我认识到，不应急于求成，强迫自己去帮助别人，只要自觉自愿这样做就好。我随时可以伸出援助之手，或者报以温暖的微笑、友好的话语。只有付出，我们才能找到人生中有价值的东西。

问：怎样改进一个人的生活？

答：在你的内心中寻找答案。你的神圣本性——也就是你

书信往来中的问答

内心的智慧之光——知道一切的答案。让你的生活与神圣的法则和谐一致。努力实现行善止恶，存真去伪，留爱忘恨。努力为自己建立良好的生活模式。无论你是否拥有家庭，这些事情都很重要：（1）谋生的工作应对社会有益；（2）良好的生活习惯，包括休息、运动锻炼、良好的饮食习惯，不过最重要的是良好的思维习惯——不要产生消极负面的思想；（3）生活中具有启发性的事物，能够提升心灵的事物：阅读优美的文章，倾听悦耳的音乐，欣赏大自然的美景；（4）尽可能为人们奉献，尽可能帮助别人——因为在这个世界里，付出就会有收获。

问：还有那么多人未能实现和谐，改善我的生活有什么用？

答：只有每一个人都改善自我，才能改善人类整体。当你改善了自己的生活之后，就会启发周围的人改善他们的生活。要记住，少数几位与上天的意愿和谐一致的人，会比众多缺乏和谐的人更加强大。

问：像我这样的小人物，能为和平做些什么呢？

答：对如今世界上千千万万的人，我要说，像我们这样的小人物（包括各自行事的与同心协力的），也有很多有意义的事情可以做。我决定奉献自己的一生，尽可能为人类同胞做出贡献时，有人十分嘲讽地对我说："你以为你能做什么？"我回答说："我知道我只是个小人物，只能做些小事，但也有很多小事

越走越平和

需要做。"我从来不曾因找不到值得做的小事而烦恼过。我开始和平之旅时,想要为几件大事请愿,有人对我说:"你干脆去摘月亮好了。"但我回答说:"只要我们这样的小人物足够多,齐心合力地请愿,即使非常非常大的事情也会如愿。"我想告诉你:活在当下,做需要做的事情。每天尽自己所能去做有益的事,未来会如你希望一般展开。

对和平使者的最后一次采访

于 1981 年 7 月 6 日，和平使者车祸身亡前一天。

采访者泰德海斯，印第安纳州诺克斯市 WKVI 广播电台经理。

泰德海斯：和平使者，我们来谈一谈你为了和平云游四方的来龙去脉好吗？

和平使者：我是 1953 年 1 月 1 日从加州洛杉矶市出发的。那年我计划要横越全国，曲曲折折连续走了 5000 英里（约 8000 公里），所幸完成了。之后就一直继续走。现在是第七次横越全国的朝圣之旅。我走遍了 50 个州，加拿大 10 个省，以及墨西哥的一部分。这只是尽力做一个小人物能为和平做的事罢了。

我一面走一面祈祷，这也是与人面对面谈话的好机会，我希望能启发一些人，促使他们以自己的方式为和平尽点力。

泰：你怎么会想到要来诺克斯市的？

和：我的一位老朋友吉尔初德·华德邀请我来的。我跟她相识于他乡，所以这是我头一回造访诺克斯市。当然，我总是在四处游走。我没有钱，也不接受金钱馈赠，我不属于任何组织，也没有团体赞助我，我有的就是身上穿的和口袋里装的。

越走越平和

我不停地走,走到有歇脚处才休息,有食物时才吃饭。我甚至不必开口要,一切就来了。我告诉你,人是很善良的。每个人心中都有善的火苗,不管埋得有多深。

以前常常是随遇而安,途中大约有四分之三的住宿处是陌生人提供的,也很少会连着三四顿没东西吃。现在的邀请大多都已经事先安排好了,像我这次来诺克斯这样。

泰:冒昧地请教,你一直都叫作和平使者吗?还是小时候有别的名字?

和:噢,我原来不叫和平使者。但是如果你寄信给我,收件人写我原来的名字,我恐怕收不到这封信。我现在是彻头彻尾的和平使者了。有人告诉我这已经成为一个为我所用的专有名词了。这变成我的法定名字已经快12年了,其实我1953年第一次和平之旅时就已经在用了。

从那时到现在,一切都有很大的变化,只有我的和平讯息始终未变,那就是"和平的道路是——行善止恶,存真去伪,留爱忘恨。"你看看,至今我们还没能把它融入日常生活里。关键在"实践"二字。现在要的不是更多的智慧和导引,而是把已经知道的道理付诸实践。只要实际去做,我们的人生、我们的世界就会变得美好。

泰:和平使者,你清楚有些人是想都没想过要这么做的,

对和平使者的最后一次采访

他们会把像你这样的人当成神经病看。你能克服跟这种人之间的障碍吗？

和：是的，我很确信有一些人一听到我，就一定认为我神经不正常，毕竟我做的事不同寻常。先驱总是会被人认为有点怪怪的。但是你知道，我爱众人，我看到人内心的善，一旦看到，就容易触到。这世界就像镜子，你对它笑，它就对你笑。我喜欢微笑，因此大体来说，人们一定会以微笑回报我。在旅途中，我从没有开口要求，而所需的却不曾匮乏。

泰：你身无分文地走遍全国。你只是靠着信仰而走，相信会有人照顾你，好像也确实如此。你是不是有什么直觉，知道该去找谁，该对谁笑，谁会对你好？

和：我对每一个人都微笑。我从未主动接近别人。我穿着我这件背心，前面写着"和平使者"，后面写着"为和平步行25000英里"，用这个来引人注意，很多人就停下来跟我讲话。我就是用这个最友善温和的方式，和所有人开始接触。这些来与我说话的人都很与众不同，要不真心向往和平，要不就是出于好奇。你看，现在大家对和平比以前关心多了。在我刚开始步行的时候，大家认为战争是一辈子里免不了的事，而现在，我们在找寻别的解决之道。这实在是个进步，比以前好得多。在和平之旅初期，大家对于心灵的探索没什么兴趣，而现在几乎已经很普遍，这点对我来说真是最大的收获。我讲得最多的

越走越平和

就是我们自己内心的安宁,因为这是迈向世界和平的前提,现在对我所讲主旨有兴趣的人也越来越多了。

泰:和平使者,圣经上说,战争永远不会离开我们。别人问及这个时你怎么回应?你认为这点小小的努力能扭转乾坤吗?

和:圣经上其实是说会有"战争及战争的传言",但是这则预言自古至今已经实现了那么多次,我实在不认为我们还想让这预言再实现。除了这个,圣经上也说"他们应将剑变为犁,将矛变为树剪。一国不应对另一国举剑相向,不应再有战事。"或许现在是实现这则预言的时候了,我相信时候到了。

当然,我想这是我们大家都真正想要的,不过悲观的人还是不少。有位女士对我说:"我可以和你一起为和平祈祷,不过我不相信会有什么用。"我问她:"你不认为和平符合上天的旨意吗?"她答:"我相信。"我便说:"那你怎么能说符合上天旨意的事不可能实现呢?"岂止可能会实现,那是必然会实现。只不过,多快实现则在于我们自己。

我知道,一切正当的努力都会有好的结果,因此我不停地尽力,将结果交付给上天。或许我今生还看不到结果,但是终有一天会实现。

泰:和平使者,通常来说,贸然问一个初相识的女士的年龄是不太好的,但是我今天要试一试。我想要问问你多大了。

对和平使者的最后一次采访

和：我只能告诉你我不知道，这不是在敷衍你。我们一直在以意念创造一切，包括年纪。1953年元旦我出发时，我已经创造了足够的年岁，跟自己说："足够了。"就从那时起，我不再计较自己的年龄，始终精力充沛。我没变年轻，也不觉有变年轻的必要，觉得自己这个样子很好。如果这一段人生里的功课你先前已经学过了，就绝对不会想要再回去重新经历一次。

泰：今天我们的来宾是和平使者，她在文章里写道："我衣前的字是和平使者，衣后是为和平徒步25000英里。"她早已走完了这些里程，并且还在继续走，因为她立誓："我会一直漂泊下去，直到人类找到和平的道路。除非有人为我提供宿处，否则我会一直行走；除非有人为我提供食物，否则我会始终禁食。"她看来是个最快乐的人。

和：我的确是个快乐的人。认识了上天，谁能不喜悦呢？祝大家祥和平安。

给和平使者的信

　　以下是人们写给和平使者的信件摘录，大多数是在她最后一次和平之旅接近尾声时收到的。虽然她会把剪报之类的资料转交给斯沃斯莫尔学院和平图书馆，那里收集有关她的资料，但和平使者奉行简朴生活的原则，绝大部分信件在回复之后就会丢掉。

✉ 一位朋友

　　"你给予我的真是太多了！我只不过是问了一位亲切的女士要不要搭便车，结果，我面前展开了一个全新的美妙世界。如今，我的生活每天都在迅速改变。我已经不再是一个月前、一个星期前，甚至昨天的那个男人。我至今仍不断体会到我们谈话中的崭新意义。"

✉ 一位朋友

　　"打开你的来信，我的灵魂陷入纷扰，低等自我与高等自我在交战——后者获胜！你的美好讯息令我醍醐灌顶，让我得到清洁和净化！你所说的非常有道理，简直

给和平使者的信

就是真理,真正的真理!"

一位大学教授

"也许你会愿意知道,明天哲学课的期末考试题里,援引了你的箴言和问答。"

一位记者

"我听过威廉·詹宁斯·布莱恩的演讲,他是那一代最杰出的演说家。我也听过鲁塞·康威尔博士的著名演讲"钻石就在你家后院"。但现在我要说,你的演讲比布莱恩的成就更大,比康威尔的才华更高。"

一位朋友

"谢谢你寄来的文章,我觉得其中的见解都非常深刻,拨动了我的心弦,至今仍余音袅袅……看到你的回信,就好像我的祈祷得到了回应——恰好是在我急需内心安宁的一天收到了这封信,心中的烦乱似乎慢慢消融。这封信常给我很大的安慰。"

越走越平和

📧 美国得克萨斯州一位牧师

"……我把你的小册子《走向内心安宁》送给美国东海岸的牧师,他们都希望你能去那里的教会演讲。我告诉他们,你的出现,是我们教会有史以来遇到的最好的事情——这是我肺腑之言。我知道,你的出现是全世界的幸事。"

📧 美国巴吞鲁日市一位朋友

"……我真诚地希望,无论你走到哪里,你那明智的、奉献人生的和平讯息,都能为听众们接受……很多人越来越关注如今残暴可怕的军事主义,我们听到这类观念四处流传。当然,任何有良知的人都不会支持或默许这种会导致人类彻底毁灭的大规模军事筹备。我真的希望能看到和平与正义最终能够胜过死亡与毁灭……"

📧 美国伊利诺伊州一位大学生

"我遇到你之后已经过了好几个月……你传达的讯息从那时起一直在我脑海中萦绕。一直以来,我听着所谓的'成功人士'告诉我人生的意义,而我也盲目地听从他们的建议。但我在一位身无长物、一头白发的瘦小女士身

给和平使者的信

上，找到了自己长久以来追寻的东西……"

一位牧师

"谢谢你的启发和鼓励。你是上天为我们全区教徒派来的使者。我们教会感受到了新的生活、和谐，以及宣传推广的使命。"

一位大学生

"自从听了你传达的信息之后，我进行了大量自我评估，重新调整了价值观，以及生活中的优先事项。我发现自己内心中的那个人，极度渴望与别人接触、交流，但这种愿望长久以来一直埋藏在自我利益与恐惧之下。我一直努力生存，也许还想出人头地，却忽略了生活中很多东西。我一直在等待，希望有人能在我周围麻木冷漠与理想幻灭的围墙上，打开一个逃脱的出口。那天晚上，你和我们全班一起分享了希望与爱的讯息，帮助我打开了出口，看到我们的世界中还留下了很多好的东西。还有很多人像我一样，等待着有什么人去触动他们……我可能永远没有勇气像你一样四处行走，但我可以影响我们斯普林菲尔德市的人……谢谢你帮助我信任人类——我多年来接受的教

越走越平和

育中从未学到过这一点……你的脸上熠熠生辉,能看出你对和平与爱的奉献,根本无须言词辩论……上天会祝福你……愿你的智慧光芒继续照耀很多很多年……"

一位朋友

"……遇到你,对我来说意义重大。我第一次开始思考,自己在神圣计划中的角色是什么——这是以前从未发生过的事情,现在我认识到,我应该去做某些特定的事情……"

一位广播节目的听众

"在51年的倾听、阅读、讨论中,我从未听到或见到过你今天在地方广播节目中所说的真理——涉及内心与外界的问题,优美动听而又逻辑分明。你明显抓住了当前困扰人民与政府的种种问题,你提到的解决方法,非常合理,完全具有可行性。"

与和平使者相处的经历

以下信件,来自一些有机会与和平使者相处的朋友们。

✉ 一位她在和平之旅前就认识的朋友

和平使者在帕萨迪纳市的玫瑰花车游行中出发(1953年1月)之前不久,我遇到了她。一位朋友护送一位光着脚、手里拎着鞋子的女士从海滩走回来。她穿着短裤和一件简单的衬衫。朋友为我和我丈夫介绍了她,我们的谈话很快变得引人入胜。我打电话给三位朋友,要他们赶紧过来见见她。我们一起享用晚餐,又和村民们一块跳起民间舞。然后我们回到我家里,一直聊到凌晨才结束。

她谈到了自己在华盛顿的工作——为一个和平团体做国会游说员。(大约十年后,我去华盛顿参加国际妇女和平自由联盟举办的一次国家立法研讨会,了解到她曾经担任她们的和平游说员,而且毫无疑问是她们最得力的游说员。)她告诉我们,她与国会议员共事越久,越是确信,按照这些人的道路一直走下去,最终只会导致战争。这种信念越来越强,她心里开始纠结一个折磨人的问题。她说:"我不担心我自己。但是一旦浩劫来临,什么样的团体能够为人类保存我们文化的精华?在欧洲中

越走越平和

世纪早期的黑暗时代里，修道院为人类做到了这一点。然而在当今时代，什么团体具备充分的条件能够做到？"

她意识到，如果继续留在华盛顿，永远也找不到答案。而且，似乎根本没人关心这个问题，她觉得自己只能辞职，亲自去寻找答案。在一年多的时间里，她搭便车前往美国各地，访问能找到的每一个以爱与分享为基础、致力于发展可行的集体生活模式的团体。

我记得她说："四处寻觅之后，我想我找到了一个比较接近的地方，能够满足在未来艰难的年代中保存我们的文化这一需要，那是佐治亚州的一个基督教农业社区。但这里也并不具备完整的答案。"

最后我们道别的时候，我们所有人都看得出，她迫切地想要找到答案，使她能够做出有效的努力，致力于引领人们进入一个建立在各国之间爱与合作基础上的新世界。没几个月之后我们就听说，这位杰出的朋友终于在这个瞬息万变的世界里找到了适合她的位置，从此以后，会以她特有的方式为我们所有人做出贡献。

三年后，我们住在美国加利福尼亚州圣贝纳迪诺市，听说和平使者不久会经过本地。她答应让我为她安排本地行程。一位美以美教会牧师请她出席一次教堂晚宴，我们把她的行程排得满满的。她的安排中也包括到访我们的基督教青年会的创意生活俱乐部，这是一个健康研究团体，主席和半数会员是

与和平使者相处的经历

基督复临安息日会的教友。主席也参加了我们与和平使者的事先会议,以便提前了解一下她,因为很多会员会心想:"对于这个他请来演讲的女人,他到底了解多少?"之后他对我说:"和平使者真是太棒了!太棒了!我从未见过像她这样的人!那群怀疑主义者一定也会喜欢她的。她将是我们请过的最出色的演讲者。"

和平使者抵达的那天早上,牧师告诉我,如果她从周围偏远郊区打电话来,他可以马上开车去接她。和平使者打来电话时,我转达了牧师的意思,但她很坚决地拒绝了,说她走过郊区时,要和一些很重要的人接触。一两天之后我们才明白她的意思。很多陌生人前来参加青年会的活动,我们连着两次不得不换到更大的房间。几乎所有这些新来的人,都是她在进城的路上和其进行了彼此交谈、亲切邀请而来的。

送和平使者回住地之前,我把在教会和市民团体演讲的最新行程表递给了她。她看过之后,问我城里可有大学。不一会儿,她已经打电话联系上加州大学河滨分校的新闻系教授,说服他如果允许学生们采访她,有利于提高学生们的能力。她的行程已经如此紧凑,但还是把这一项挤进去了。真是一位很棒的组织者!

📩 另一位她在和平之旅前就认识的朋友

我是二战之后认识和平使者的,那时我在费城教书,几乎

越走越平和

每天下午都去和平联谊办公室做志愿工作。她在我们办公室的一个小隔间里，处理斯科特·尼尔林的刊物《世界大事》的出版发行事宜，好像是个双月刊，同时她也帮国际妇女和平自由联盟做些志愿工作。她很安静，做事很有效率。需要邮寄刊物的时候，她会集合一批想帮忙的人，一个晚上就全部折叠起来、写好地址。她每周领到10美元作为生活费用，据她说绰绰有余。

那时候她有两套衣服，轮流穿。她一直都看起来非常整洁、素净、精神饱满、利利索索，就像只麻雀一样。事实上，她身上其他一些特点也很像麻雀，始终轻松愉快、眼睛明亮、精力十足。她参加了一个远足俱乐部，经常举办长途步行活动，每年还有一次60公里左右的耐力远足。她有点得意，自己总是能走完全程，而大部分人走到一半就放弃了。

她到美国西海岸搭便车旅行，一路毫无畏惧，我想她大约有两年时间在几家健康医疗机构工作，思考各种医疗方法。得克萨斯州的谢尔顿医生，以断食作为唯一的治疗方法，令她印象最为深刻。

对于她的做法，我唯一的批评（如果这算批评的话），就是她对大多数的听众都会强调"内心和平"——这是当今世界非常需要的东西，尤其美国比哪里都需要。我知道她的讯息里也必定包含世界和平的内容，但我感觉这部分往往会被听众的个人需要所掩盖。但她确实把和平的讯息带给了成千上万未能亲自参与和平运动的人。

与和平使者相处的经历

✉ 一位朋友，带和平使者去美国阿拉斯加州和夏威夷州，与他的亲戚们会面。

记得我们刚认识不久的时候，我问过和平使者一个问题："你四处行走，有时肯定会走乡下小路，会恰好遇到过人人敬而远之的飞车党吧？"我记得她抬头看着我，回答说："利昂，你不懂。"我不由得回答说："我肯定了解那种情况。"我记得她把手放在我的胳膊上，让我全神贯注，然后说："利昂，你不懂。你看，他们在哪里，我就去哪里，我不会让他们跟着我走。"我很长时间一直反复思考这个回答。好几年之后，我才终于领悟她话中的含意。

在夏威夷大岛上的公园里，我们遇到一个年轻人。他问到和平使者和我的事情。我们告诉他，我们才刚刚进入公园，不清楚自己在哪里，也不知道我们要去的地方怎么走。他自愿当我们的向导，带我们去看他所知道的这里不同寻常的、激动人心的事物。我们坦然接受了他的好意，跟着他在公园里转了大概一个多小时。

我不知道是否能明确描述出这个年轻人的个性。可以确定的是，他刚刚狂饮了一大堆啤酒。他的表现自始至终都很活泼、热情、吵闹。他举止十分夸张，非常热心地为我们介绍他的地盘，每句话都充满了最粗俗的脏话。他对于自己的行为举止毫无感觉。至少，我觉得和这样一个人同行十分尴尬。我们很快抵达游客中心，里头挤满了游客，他们身穿色彩鲜艳的岛屿服装，四处转悠，很是热闹。与这个粗野聒噪的年轻人在一起，

越走越平和

我的窘迫达到了顶点。和平使者怎么能容忍这种情况,对我来说实在是个谜。总之,我觉得难以忍受。

很快,我们来到一个熔炉般的活火山口边缘,站上了观景台。我们的时间不多了,必须动身回希罗去,以便赶上回程飞机。和平使者转向那个年轻人,感谢他的帮助,告诉他我们要离开了。毫无疑问,他非常失望,很不情愿看到我们离开。他站在那里,眼泪流过面颊,从下巴滴落,他央求我们再让他带我们看一处特别的景点。

我站在那里看着那个年轻人的脸,想起了几年前和平使者说的话:"他们在哪里,我就去哪里,我不会让他们跟着我走。"我感到非常自责。那一刻,我心里惭愧万分,也感到极为敬佩。每当我挣扎着想要抛弃以自我为中心的欲望,进入以上天为中心的充实生活时,我往往会回忆起与和平使者在一起的这段经历,她以身作则,使我获得宝贵的觉悟。

✉ 玛莉·奥凯莉,和平使者与国会议员珍娜·兰金的朋友,珍娜是美国国会里唯一对两次世界大战都投了反对票的议员。(珍娜打电话给玛莉,想见见和平使者。)

我们终于碰面了,安排和平使者与她共度一晚,她会请些朋友一起来与和平使者见面,听她讲讲和平之旅。定好计划后,珍娜问我说:"我该邀请谁呢?"我这才知道她是一个人住。没有朋友,也没有邻居!

与和平使者相处的经历

珍娜担任国会议员时在乡下买了地,她在美国佐治亚州雅典市有很多朋友。当她对参与第一次世界大战投下反对票之后,人们不太高兴。1941年她再度当选国会议员,又对参与第二次世界大战投了反对票,这就让人们无法忍受了,放火烧掉了她的房子。她在靠近郡中心的地方有一小块地,于是她搬进了一栋小房子里。已经过了20年,但是她仍心有余悸。她心怀怨恨,觉得没有人喜欢她,觉得国会里的那些男人正带领我们沿着血腥的道路走向毁灭。

我建议她打电话请邻居来。也有些人从雅典市前来,结果屋子里挤满了人,我想大约有五六十个人。

会后,和平使者与珍娜谈了一整个晚上。珍娜很兴奋有这么多人前来,而和平使者看到,珍娜确实很需要在生活中变得积极主动,因为她心中的怨恨一直在侵蚀她。珍娜问她应该怎样做,和平使者告诉她,靠着她的名气,她能做的事情很多,再加上她的财力,能做的就更多了。

和平使者说,她非常坚定地与珍娜谈到社会的需要,以及她有责任回馈社会。她觉得珍娜在认真考虑做些社会工作。那年春天,大学校园里成立了一个女权团体,珍娜也参加了。

她是位可爱的女士,和平使者指点她如何重新回到"男人的世界"里。她开始慢慢改变,重新拾起她在20世纪40年代放弃的一切。她领导一个全国性的团体进军华盛顿(即越战期间的珍娜·兰金大队)。她决定将余生致力于女权运动。

越走越平和

一位圣方济会修女

20世纪70年代,约内拉修女在电视上看到了和平使者,开始与她信件往来,成为笔友。六年后,她们才终于有机会相见。一位修女开车把她接到我们的住所,她受到了多么热烈的欢迎!每个人都想和她说话。约内拉修女非常开心,寸步也不想离开和平使者。她在集会室里与我们交谈并祈祷。

三年之后,她再次来到我们这里,住了三天两夜。她感觉像家里一样自在,尤其喜欢我们像公园一样美丽的农场。她在早晨会与我们中没有紧要工作的人谈一次话,中午和晚上也一样。她的魅力、热情、真诚吸引了我们所有人。

一天早晨我们帮她洗了衣服,她也洗了个热水澡。我们告诉她,我们很乐意为她提供新鞋子和新背心,但她说最好还是不要。

有一天,我比较有空,私下去拜访她,我们很快就熟悉起来。我对她说:"我想与你同行,一起为和平做同样的事情,你也能不那么孤单。"她说:"不,你无法帮助我或者跟随我,哪怕我愿意与你同行。这个使命不同寻常,只适合于一个人,也就是我,和平使者。"然后她对我说:"我的和平任务结束时,我会离开,和平将会来临。"她是一位先知,而今和平正在来临。她也谈到了早年在高速公路上和城市里的经历,告诉我上天一直在庇佑她。

与和平使者相处的经历

◾ 一位电视谈话节目主持人

越战激战正酣之际,我刚开始在纳什维尔市为 WSM 电视台做一个谈话节目。我还是个初出茅庐的新人,很不成熟……我急于给观众留下印象,就想让和平使者这个"怪人"来上节目……我读了她给我的信,知道她正朝我们这个方向行走,于是以个人名义约她来上节目。当她走进电视摄影棚时,我和所有的观众、乐队和工作人员都笑了起来。这位嬉皮婆婆是谁啊?

我以能想象到的最无礼、最没品位的方式介绍她。在那个年代,拿"和平人士"来取笑,尤其是在那种乡下人的地区,观众的反响最好。访谈最初的几分钟,她和我一起戏谑嘲弄——也许应该说是争论比较恰当。她既不防御,也不反击。但是,哦,那双眼睛……那双手……仿佛无形地传达出她的观点……那双蓝眼睛闪烁着智慧的光芒。大约两三分钟后,我已经对她完全心悦诚服。我感到窘迫、羞愧。她大概也意识到了这一点,而且我觉得她好像已经完全看穿了这场戏,知道人们在访谈中就会醒悟。

8 分钟的访问结束时,听众里只剩少数几个人还在窃笑,乐队则一个也没有。之后是一小时的广播节目,直接切入主题,没有无聊的笑料。我那天成长了许多。后来几年中,我又访问了她好几次,不过都没有像第一次那样让我记忆深刻。

图书在版编目（CIP）数据

越走越平和 / (美) 和平使者 (Peace Pilgrim) 著；于娟娟译. —— 北京：华夏出版社有限公司, 2020.7
书名原文：Peace Pilgrim
ISBN 978-7-5080-9861-6

Ⅰ．①越… Ⅱ．①和… ②于… Ⅲ．①人生哲学－通俗读物 Ⅳ．①B821-49

中国版本图书馆CIP数据核字(2020)第037028号

Copyright © 1982,1992,1994,1998,2004,2013 by Friends of Peace Pilgrim
This book is copyrighted only to prevent its being misused. People working for peace, spiritual development, and the growth of human awareness throughout the world have our willing permission to reproduce material from this book.

版权所有，翻印必究。
北京市版权局著作权合同登记号：图字01-2013-7192号

越走越平和

著　　者	[美] 和平使者
译　　者	于娟娟
策划编辑	朱　悦　陈志姣
责任编辑	陈志姣
特约编辑	韩　晶
版权统筹	曾方圆
责任印制	刘　洋
装帧设计	殷丽云

出版发行	华夏出版社有限公司
经　　销	新华书店
印　　刷	三河市少明印务有限公司
装　　订	三河市少明印务有限公司
版　　次	2020年7月北京第1版　2020年7月 北京第1次印刷
开　　本	880 × 1230　1/32
印　　张	8.5
字　　数	167千字
定　　价	49.80元

华夏出版社有限公司　地址：北京市东直门外香河园北里4号　邮编：100028
网址：http://www.hxph.com.cn　电话：（010）64663331（转）
若发现本版图书有印装质量问题，请与我社营销中心联系调换。